MATEMÁTICA BÁSICA
PARA CURSOS SUPERIORES

Respeite o direito autoral

O GEN | Grupo Editorial Nacional – maior plataforma editorial brasileira no segmento científico, técnico e profissional – publica conteúdos nas áreas de ciências sociais aplicadas, exatas, humanas, jurídicas e da saúde, além de prover serviços direcionados à educação continuada e à preparação para concursos.

As editoras que integram o GEN, das mais respeitadas no mercado editorial, construíram catálogos inigualáveis, com obras decisivas para a formação acadêmica e o aperfeiçoamento de várias gerações de profissionais e estudantes, tendo se tornado sinônimo de qualidade e seriedade.

A missão do GEN e dos núcleos de conteúdo que o compõem é prover a melhor informação científica e distribuí-la de maneira flexível e conveniente, a preços justos, gerando benefícios e servindo a autores, docentes, livreiros, funcionários, colaboradores e acionistas.

Nosso comportamento ético incondicional e nossa responsabilidade social e ambiental são reforçados pela natureza educacional de nossa atividade e dão sustentabilidade ao crescimento contínuo e à rentabilidade do grupo.

SEBASTIÃO MEDEIROS DA SILVA
ELIO MEDEIROS DA SILVA
ERMES MEDEIROS DA SILVA

MATEMÁTICA BÁSICA
PARA CURSOS SUPERIORES

ACESSO *ON-LINE* A DIGIAULAS

LISTA COM EXERCÍCIOS E RESPOSTAS

2ª Edição

Os autores e a editora empenharam-se para citar adequadamente e dar o devido crédito a todos os detentores dos direitos autorais de qualquer material utilizado neste livro, dispondo-se a possíveis acertos caso, inadvertidamente, a identificação de algum deles tenha sido omitida.

Não é responsabilidade da editora nem dos autores a ocorrência de eventuais perdas ou danos a pessoas ou bens que tenham origem no uso desta publicação.

Apesar dos melhores esforços dos autores, do editor e dos revisores, é inevitável que surjam erros no texto. Assim, são bem-vindas as comunicações de usuários sobre correções ou sugestões referentes ao conteúdo ou ao nível pedagógico que auxiliem o aprimoramento de edições futuras. Os comentários dos leitores podem ser encaminhados à **Editora Atlas Ltda.** pelo e-mail faleconosco@grupogen.com.br.

Direitos exclusivos para a língua portuguesa
Copyright © 2018 by
Editora Atlas Ltda.
Uma editora integrante do GEN | Grupo Editorial Nacional

Reservados todos os direitos. É proibida a duplicação ou reprodução deste volume, no todo ou em parte, sob quaisquer formas ou por quaisquer meios (eletrônico, mecânico, gravação, fotocópia, distribuição na internet ou outros), sem permissão expressa da editora.

Rua Conselheiro Nébias, 1384
Campos Elíseos, São Paulo, SP – CEP 01203-904
Tels.: 21-3543-0770/11-5080-0770
faleconosco@grupogen.com.br
www.grupogen.com.br

Designer de capa: Caio Cardoso

CIP-BRASIL. CATALOGAÇÃO NA PUBLICAÇÃO
SINDICATO NACIONAL DOS EDITORES DE LIVROS, RJ

S583m

Silva, Sebastião Medeiros da
  Matemática básica para cursos superiores / Sebastião Medeiros da Silva, Elio Medeiros da Silva, Ermes Medeiros da Silva. – 2. ed. – São Paulo: Atlas, 2018.

  Inclui bibliografia
  ISBN 978-85-97-01529-4

  1. Matemática – Estudo e ensino (Superior). I. Silva, Elio Medeiros da. II. Silva, Ermes Medeiros da.

18-49989 CDD: 510
CDU: 51

Meri Gleice Rodrigues de Souza – Bibliotecária CRB-7/6439 1

Dedicamos esta obra aos nossos pais, Luiz e Elvira.

Prefácio

Este texto foi elaborado para atender a algumas expectativas. A maioria dos cursos superiores das áreas técnicas oferece em sua parte inicial a disciplina Matemática, visando nivelar o conhecimento dos alunos na área quantitativa e colocar alguns conhecimentos de Cálculo Diferencial e Integral necessários ao entendimento e desenvolvimento de aspectos quantitativos nas diversas áreas profissionais.

Um curso de Cálculo é considerado sempre penoso para os estudantes de todas as áreas, mas, ao mesmo tempo, é indispensável para um bom desempenho do estudante quando ele é convidado a raciocinar sobre fenômenos que apresentam como característica comportamentos não constantes. Desse modo, nossa colaboração teve duas preocupações:

- Abordar os modelos funcionais de maneira direta e com a maior clareza possível, mostrando como as ferramentas do cálculo podem extrair informações importantes sobre o comportamento das variáveis que explicam características importantes do fenômeno.
- Apresentar essas ferramentas explorando aspectos que favorecem o desenvolvimento do raciocínio lógico, enfatizando as condições necessárias a sua aplicação, abrindo mao de aspectos meramente formais que, embora Importantes para os matemáticos na elaboração de teorias quantitativas, podem ser dispensados numa primeira abordagem de cálculo.

A preocupação revelada com a apresentação de fenômenos simples e de conhecimento geral visa interessar o estudante a abordar conceitos que lhe são familiares. Os modelos funcionais associados a esses fenômenos, embora tenham em geral formas simples, destinam-se a esclarecer os aspectos mais interessantes da aplicação do Cálculo.

Os exercícios são propositalmente simples. A ideia é não travar o entusiasmo do estudante, colocando-lhe barreiras intransponíveis. Acreditamos, entretanto, que o desenvolvimento dos exercícios apresentados é suficiente para um bom entendimento da ferramenta em questão e sua aplicabilidade.

Os Autores

Material Suplementar
DigiAulas

Este livro contém amostras de DigiAulas.

O que são DigiAulas? São videoaulas sobre temas comuns a todas as habilitações de Engenharia. Foram criadas e desenvolvidas pela LTC Editora para auxiliar os estudantes no aprimoramento de seu aprendizado.

As DigiAulas são ministradas por professores com grande experiência nas disciplinas que apresentam em vídeo. Saiba mais em www.digiaulas.com.br.

Em *Pré-Cálculo*, as videoaulas são as seguintes:*
- **Videoaulas 1.13 e 1.14** – Capítulo 0 – Revisão: o conjunto de números reais – um resumo operacional
- **Videoaulas 3.1, 3.2, 3.3, 4.4, 5.2 e 6.4** – Capítulo 1 – Funções

Em *Cálculo 1*, as videoaulas são as seguintes:*
- **Videoaulas 5.1, 5.2, 5.3 e 8.1** – Capítulo 2 – Noção intuitiva de limite
- **Videoaula 10.1, 12.1, 12.3 e 13.1** – Capítulo 3 – Derivada de uma função
- **Videoaulas 15.1, 15.2 e 16.5** – Capítulo 4 – Estudo da variação de funções
- **Videoaulas 20.1, 20.2, 21.1 e 23.1** – Capítulo 5 – Integral de Riemann

*As instruções para o acesso às videoaulas encontram-se na orelha deste livro.

GEN-IO (GEN | Informação Online) é o repositório de materiais suplementares e de serviços relacionados com livros publicados pelo GEN | Grupo Editorial Nacional, maior conglomerado brasileiro de editoras do ramo científico-técnico-profissional, composto por Guanabara Koogan, Santos, Roca, AC Farmacêutica, Forense, Método, Atlas, LTC, E.P.U. e Forense Universitária. Os materiais suplementares ficam disponíveis para acesso durante a vigência das edições atuais dos livros a que eles correspondem.

Material Suplementar

Este livro conta com o seguinte material suplementar:

■ Lista de exercícios com resposta e solução (disponível para todos).

O acesso aos materiais suplementares é gratuito. Basta que o leitor se cadastre em nosso site (www.grupogen.com.br), faça seu login e clique em Ambiente de Aprendizagem, no menu superior do lado direito.

É rápido e fácil. Caso haja dificuldade de acesso, entre em contato conosco (sac@grupogen.com.br).

GEN-IO (GEN | Informação Online) é o repositório de materiais suplementares e de serviços relacionados com livros publicados pelo GEN | Grupo Editorial Nacional, maior conglomerado brasileiro de editoras do ramo científico-técnico-profissional, composto por Guanabara Koogan, Santos, Roca, AC Farmacêutica, Forense, Método, Atlas, LTC, E.P.U. e Forense Universitária. Os materiais suplementares ficam disponíveis para acesso durante a vigência das edições atuais dos livros a que eles correspondem.

Sumário

0 Revisão: o Conjunto dos Números Reais – um Resumo Operacional, 1
   1 O conjunto dos números reais, 1
      1.1 Operações com frações, 3
      1.2 Cálculo do valor de expressões numéricas, 4
      Exercícios propostos, 5
      Respostas, 6
      1.3 Potenciação, 6
          1.3.1 Potência de expoente inteiro, 6
      Exercícios propostos, 6
      Respostas, 7
          1.3.2 Potência de expoente não Inteiro, 7
      Exercícios propostos, 9
      Respostas, 9
      1.4 Cálculo com números percentuais, 10
          1.4.1 Exemplos de aplicações, 11
          1.4.2 Aplicações, 12
   2 Expressões algébricas, 13
      2.1 Generalidades sobre expressões algébricas, 13
      2.2 Valor numérico de expressões algébricas, 15
      Exercícios propostos, 16
      Respostas, 16
      2.3 Operações com expressões algébricas, 17
          2.3.1 Adição e subtração, 17
          2.3.2 Multiplicação e divisão, 17
      Exercícios propostos, 18
      Respostas, 18
      2.4 Produtos notáveis, 19
      Exercícios propostos, 19
      Respostas, 20
      2.5 Fatoração, 20
      Exercícios propostos, 21
      Respostas, 22
      2.6 Simplificação, 22
      Exercícios propostos, 23
      Respostas, 24
   3 Equação do 1º grau, 24
      3.1 Generalidades, 24
      Exercícios propostos, 26
      Respostas, 26
      3.2 Aplicações, 27
      Exercícios propostos, 27
      Respostas, 27

4 Inequação do 1º grau, 28
　4.1 Generalidades, 28
　　Exercícios propostos, 29
　　Respostas, 29
　4.2 Aplicações, 30
5 Equação do 2º grau, 31
　5.1 Generalidades, 31
　5.2 Equação completa, 31
　　Exercícios propostos, 32
　　Respostas, 32
　5.3 Equações incompletas, 33
　　Exercícios propostos, 35
　　Respostas, 35
　5.4 Aplicações, 36
6 Inequações do 2º grau, 36
　6.1 Generalidades, 37
　　Exercícios propostos, 40
　　Respostas, 40
　6.2 Aplicações, 41
7 Sistema de equações do 1º grau, 41
　7.1 Generalidades, 41
　　Exercícios propostos, 43
　　Respostas, 43
　7.2 Aplicações, 43
8 Logaritmo, 44
　8.1 Generalidades, 45
　8.2 Propriedades dos logaritmos, 45
　　Exercícios, 47
　　Respostas, 47
9 Conjuntos, 47
　9.1 Generalidades, 48
　　Exercícios propostos, 48
　　Respostas, 48
　　　9.1.1 Subconjunto, 49
　　Exercícios propostos, 49
　　Respostas, 49
　　　9.1.2 Igualdade, 49
　　　9.1.3 Conjunto universo, 50
　　　9.1.4 Conjunto vazio, 50
　　Exercícios propostos, 50
　　Respostas, 50

　9.2 Operações, 50
　　Exercícios propostos, 52
　　Respostas, 52
　9.3 Subconjuntos da reta, 52
　　Exercícios propostos, 54
　　Respostas, 54

1 Funções, 55
　1 Conceitos e exemplos, 56
　　Exercícios propostos, 57
　　Respostas, 58
　2 Construção dos pares com o auxílio de uma regra, 58
　　Exercícios propostos, 60
　　Respostas, 61
　3 Representação gráfica de funções, 61
　　Exercícios, 64
　4 Apresentação de algumas funções importantes, 65
　　4.1 Generalidades, 65
　　4.2 Função linear, 66
　　4.3 Casos particulares da função linear, 67
　　　Exercícios propostos, 69
　　4.4 Problemas envolvendo a função linear, 69
　　　Exercícios propostos, 70
　　　Respostas, 70
　　　Exercícios propostos, 71
　　　Respostas, 71
　　　Exercícios propostos, 75
　　　Respostas, 76
　　4.5 Aplicações – construção de modelos lineares, 76
　　　Problemas propostos, 78
　　　Respostas, 80
　5 Função quadrática, 81
　　5.1 Generalidades, 81
　　5.2 Construção da parábola, 82
　　　Exercícios propostos, 84
　　5.3 Aplicação – construção de modelos funcionais, 85
　　　Exercícios propostos, 87
　　　Respostas, 88

6 Outras funções importantes, 88
  6.1 *Polinômios de grau superior a 2*, 89
  6.2 *Função exponencial de base e*, 89
  6.3 *Função logarítmica de base e*, 90
  6.4 *Função racional*, 91
  6.5 *Funções trigonométricas*, 91
  6.6 *Aplicações: construção de modelos funcionais*, 94
  Exercícios propostos, 95
  Respostas, 95

2 **Noção Intuitiva de Limite**, 97
  1 Limite de função em um ponto, 97
    1.1 *Limites finitos*, 97
    1.2 *Limites infinitos*, 101
    1.3 *Função contínua*, 103
    Exercícios propostos, 105
    Respostas, 106

3 **Derivada de uma função**, 107
  1 Taxa média de variação de uma função $y = f(x)$ no intervalo $[a, b]$, 108
    Exercícios propostos, 110
    Respostas, 110
  2 Derivada de uma função em um ponto, 111
    2.1 *Generalidades*, 111
    2.2 *Conceito de derivada de uma função em um ponto*, 111
  3 Função derivada, 114
  4 Cálculo da função derivada, 114
    4.1 *F1 (Fórmula um de derivação) – Derivada da potência*, 114
    4.2 *R1 (Regra um de derivação) – Derivada do produto de uma constante k por uma função*, 115
    4.3 *R2 (Regra dois de derivação) – Derivada da soma (ou diferença) de funções*, 115
    4.4 *F2 (Fórmula dois de derivação) – Derivada de uma constante*, 115
    Exercícios propostos, 116
    Respostas, 117

5 Cálculo da derivada em um ponto, 118
  Exercícios propostos, 119
  Respostas, 120
6 Outras regras e fórmulas de derivação, 120
  6.1 *R3 – Derivada do quociente de duas funções*, 120
  Exercícios propostos, 122
  Respostas, 122
  6.2 *R4 – Derivada do produto*, 124
  Exercícios propostos, 125
  Respostas, 125
7 Funções compostas e suas derivadas, 125
  Exercícios propostos, 127
  Respostas, 127

4 **Estudo da Variação de Funções**, 129
  1 Generalidades, 130
  2 Aspectos básicos dos modelos funcionais, 133
  3 As derivadas e o aspecto do modelo funcional, 134
    Exercícios propostos, 140
    Respostas, 141
  4 Pontos críticos de um modelo funcional, 142
    4.1 *Generalidades*, 142
    4.2 *Relação entre os pontos críticos e as derivadas da função*, 143
    4.3 *Critérios para a localização de pontos de máximo e de pontos de mínimo*, 144
      4.3.1 *Critério da primeira derivada*, 144
      4.3.2 *Critério da segunda derivada*, 145
    Exercícios propostos, 148
    Respostas, 148
    4.4 *Exemplos e exercícios de aplicação*, 149
    Exercícios de aplicação, 150
    Respostas, 150
    Exercícios de aplicação, 151
    Respostas, 151
    Exercícios de aplicação, 152
    Respostas, 152

   Exercicios de aplicação, 153
   Respostas, 153

5 Integral de Riemann, 155
 1 Generalidades, 156
 2 Definição, 157
 3 Cálculo da integral definida, 158
 4 Primitiva de uma função, 158
 5 Integral indefinida de $y = f(x)$, 160
 6 Cálculo da integral indefinida, 161
  6.1 *Fórmulas básicas de integração*, 161
  Exercícios propostos, 164
  Respostas, 165
  6.2 Outras fórmulas de integração, 166
  Exercícios propostos, 167
  Respostas, 167
 7 Mudança de variável, 168
  7.1 *Diferencial de uma função*, 168
  7.2 *Exemplos de mudança de variável*, 168
  Exercícios propostos, 171
  Respostas, 171
 8 Exemplos e exercícios de aplicação, 171
  Exercícios propostos, 172
  Respostas, 172
  Exercícios propostos, 173
  Respostas, 173
  Exercícios propostos, 174
  Respostas, 175
 9 Uso das primitivas no Cálculo da Integral de Riemann, 175
  Exercícios propostos, 177
  Respostas, 178
 10 Aplicações da Integral de Riemann, 178
  10.1 *Cálculo de áreas,* 178
  Exercícios propostos, 183
  Respostas, 184
  Exercícios propostos, 185
  Respostas, 186
  Exercícios propostos, 188
  Respostas, 189
  Exercícios propostos, 190
  Respostas, 191
  10.2 *Trabalho realizado por uma força,* 191
  Exercícios propostos, 192
  Respostas, 192

Bibliografia, 193

Revisão: o Conjunto dos Números Reais – um Resumo Operacional

O objetivo deste capítulo é apresentar o conjunto dos números reais de forma clara e descomplicada e revisar os principais conceitos da álgebra elementar de interesse para os capítulos seguintes.

Os números podem ser separados em grupos de acordo com uma característica comum. Basicamente, os números são racionais ou irracionais. Saber operar os números, conhecendo suas várias representações, é fundamental em qualquer estudo que envolva métodos quantitativos.

1 O CONJUNTO DOS NÚMEROS REAIS

Observe os números escritos em sua forma decimal:

$$34,2$$
$$-12,456$$
$$1,0454545...$$

O valor 1,0454545... é um número decimal que apresenta a partir da segunda casa decimal a repetição sistemática dos algarismos 4 e 5. Isso o classifica como uma dízima periódica.

Os exemplos anteriores, assim como os números inteiros relativos, também podem ser escritos na forma de uma dízima periódica.

Por exemplo:

$$34{,}2 = 34{,}2000\ldots$$
$$-12{,}456 = -12{,}45600\ldots$$
$$7 = 7{,}000\ldots$$
$$0 = 0{,}000\ldots$$

Os números que têm representação como dízima periódica constituem o conjunto dos números racionais (Q).

Todos os números racionais admitem também uma representação na forma fracionária:

$$2 = \frac{2}{1} \qquad\qquad -100{,}435 = -\frac{100.435}{1.000}$$

$$-5 = \frac{-5}{1} \qquad\qquad 3{,}444\ldots = 3 + \frac{4}{9} = \frac{31}{9}$$

$$34{,}2 = \frac{342}{10} \qquad\qquad 2{,}3535\ldots = 2 + \frac{35}{99} = \frac{233}{99}$$

$$3{,}42 = \frac{342}{100}$$

Dessa forma, o conjunto dos racionais também pode ser entendido como um conjunto de frações.

Por outro lado, existem números cuja representação decimal não é uma dízima periódica. Por exemplo:

1. $2{,}101001000100001\ldots$
2. Pode-se mostrar que o número $\sqrt{2}$, que tem por valor aproximado $1{,}414213562$, não apresenta em sua representação decimal parte periódica.

O conjunto dos números que não admitem representação decimal periódica constitui o *conjunto dos números irracionais* (I).

Se aceitarmos que os números decimais periódicos são casos especiais de todos os números escritos na forma decimal, então podemos concluir que existem mais números irracionais do que racionais.

O conjunto formado por todos os números racionais e todos os números irracionais é denominado *conjunto dos números reais* (R).

$$R = Q \cup I$$

As operações envolvendo números irracionais, na prática, são realizadas de modo geral considerando sua representação decimal aproximada. Por exemplo:

1. $\sqrt{2} \cong 1,41$

2. $\dfrac{\sqrt{2}}{2} + 1 \cong \dfrac{1,41}{2} + 1 = 1,705$

1.1 Operações com frações

Algumas vezes, o número que obtemos em uma observação vem naturalmente como parte de alguma coisa, ou seja, na forma de uma fração. É importante conhecer sua representação decimal, dividindo o numerador pelo denominador, quando usamos máquinas calculadoras.

a. **Adição e subtração**

Para somar ou subtrair frações, usamos o menor múltiplo comum.

Exemplo:

$$\frac{1}{2} + \frac{3}{5} - \frac{1}{6}$$

O menor múltiplo comum de 2, 5 e 6 é 30, portanto:

$$\frac{1}{2} + \frac{3}{5} - \frac{1}{6} = \frac{15 + 18 - 5}{30} = \frac{28}{30} = \frac{14}{15}$$

b. **Multiplicação**

O produto de duas frações é uma fração que tem por numerador o produto dos numeradores e que tem por denominador o produto dos denominadores.

Por exemplo:

$$\frac{3}{4} \times \frac{2}{5} = \frac{6}{20} = \frac{3}{10}$$

c. Divisão

O quociente de duas frações é uma fração resultante do produto da primeira fração pelo inverso da segunda fração.

Exemplo:

$$\frac{1}{2} \div \frac{3}{4} = \frac{1}{2} \times \frac{4}{3} = \frac{4}{6} = \frac{2}{3}$$

1.2 Cálculo do valor de expressões numéricas

As prioridades dos sinais e das operações nas expressões numéricas são, na verdade, regras de comunicação para que quem usa a expressão entenda exatamente o que foi proposto.

Para calcularmos corretamente o valor de expressões numéricas, basta obedecer atentamente à prioridade dos sinais indicativos de prioridades (parênteses, colchetes e chaves) e das operações matemáticas.

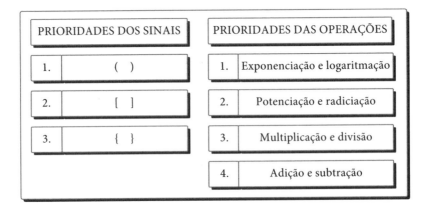

Exemplo:

1. Calcular o valor da expressão:

$$2 + \{5[3 - (5 - 10) + 1] + 4\} - 3$$

Como o sinal de parênteses é prioritário, devemos calcular inicialmente a operação $5 - 10 = -5$; com isso, a expressão original reduz-se a:

$$2 + \{5[3 - (-5) + 1] + 4\} - 3$$

Seguindo a prioridade dos colchetes, devemos calcular 3 − (−5) + 1 = 9, e a expressão anterior será reduzida a:

$$2 + \{5(9) + 4\} - 3$$

Seguindo a prioridade das chaves, devemos calcular 5(9) + 4. Como a multiplicação tem prioridade sobre a adição, esta última expressão reduz-se a:

$$45 + 4 = 49$$

Podemos escrever então 2 + (49) − 3 = 48 e, portanto:

$$2 + \{5[3 - (5 - 10) + 1] + 4\} - 3 = 48$$

EXERCÍCIOS PROPOSTOS

Calcular o valor das expressões numéricas, apresentando o resultado na forma fracionária e na forma decimal, com aproximação para duas casas decimais.

1. $\dfrac{4}{5}(3+0,4) - 3,21$

2. $0,22(11 - 0,3) + \dfrac{4}{7}$

3. $\dfrac{4}{3} + \dfrac{7}{5}\left(\dfrac{1}{2} + \dfrac{4}{9}\right) - \dfrac{1}{5}$

4. $\left(\dfrac{43}{11} + \dfrac{1}{10}\right) \times \left(\dfrac{17}{8} - \dfrac{2}{5}\right)$

5. $\dfrac{1}{4,3 + 0,25} + 4$

6. $\dfrac{\dfrac{4}{5}\left(\dfrac{7}{3} - 1\right)}{\dfrac{2}{9} - 3}$

7. $\dfrac{-3 - \sqrt{4}}{2(2)}$

8. $\dfrac{-5 + \sqrt{16}}{2(-1)}$

9. $\left\{4 + 2\left[32 - \dfrac{1}{4}\left(\dfrac{2}{3} - \dfrac{1}{8}\right) + 2\right] + 16\right\} + 1$

10. $3\left\{-1 + 12\left[-13 + 4\left(1 - \dfrac{1}{3}\right) - 1\right] - 1\right\}$

Respostas

1. $\dfrac{-49}{100}; -0,49$
2. $\dfrac{10.239}{3.500}; 2,93$
3. $\dfrac{221}{90}; 2,46$
4. $\dfrac{30.429}{4.400}; 6,92$
5. $\dfrac{384}{91}; 4,22$
6. $\dfrac{-48}{125}; -0,38$
7. $\dfrac{-5}{4}; -1,25$
8. $\dfrac{1}{2}; 0,50$
9. $\dfrac{4.259}{48}; 88,73$
10. $-414; -414,00$

1.3 Potenciação

1.3.1 *Potência de expoente inteiro*

Seja *a* um número real e *m* e *n* números inteiros positivos. Então:

1. $a^n = a.a.a......a$ (*n* vezes)
2. $a^0 = 1$
3. $a^1 = a$
4. $a^{-n} = \dfrac{1}{a^n}, a \neq 0$
5. $a^n \cdot a^m = a^{m+n}$
6. $a^n \div a^m = a^{n-m}, a \neq 0$
7. $(a^m)^n = a^{m \cdot n}$
8. $\left(\dfrac{a}{b}\right)^n = \dfrac{a^n}{b^n}, b \neq 0$

Como se justifica a expressão: $a^0 = 1$? Pense assim:

$$\dfrac{2^4}{2^4} = 2^{4-4} = 2^0 \qquad \text{Mas } \dfrac{2^4}{2^4} = \dfrac{16}{16} = 1 \qquad \text{Portanto, } 2^0 = 1$$

EXERCÍCIOS PROPOSTOS

Calcular o valor das expressões:

1. 2^3
2. $(-2)^3$
3. 1^0
4. $(-1)^0$
5. 2^0

6. $\left(\dfrac{2}{5}\right)^3$

7. 3^{-2}

8. $\left(\dfrac{1}{2}\right)^{-3}$

9. $((-1)^3)^4$

10. $(0,5)^3$

11. 0^0

12. $1 + (0,41)^2$

13. $\dfrac{1}{4} + 5^3 - 2^{-4}$

14. $2^{-3} + (-4)^{-5}$

15. $\left(\dfrac{4}{5} - \dfrac{1}{2} + 1\right)^{-2} + \dfrac{1}{1 + 3^2 - (4-5)^{-2}}$

Respostas

1. 8
2. −8
3. 1
4. 1
5. 1
6. $\dfrac{8}{125}$
7. $\dfrac{1}{9}$
8. 8
9. 1
10. 0,125
11. 1
12. 1,1681
13. 125,1875
14. 0,1240
15. 0,7028

1.3.2 Potência de expoente não inteiro

Observe que toda raiz pode ser escrita na forma de potência: $\sqrt[n]{a} = a^{\frac{1}{n}}$. Definimos, então, $a^{\frac{m}{n}}$ como $\left(a^{\frac{1}{n}}\right)^m$.

Com o auxílio de uma calculadora, podemos encontrar um valor, em geral aproximado, para expressões como:

1. $\sqrt{68}$ Digite na HP 12-C:

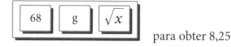

para obter 8,25

2. $\sqrt[3]{120}$ Digite na HP 12-C:

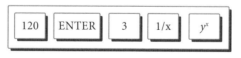

para obter 4,93

3. $\sqrt[45]{12.000}$ na HP 12-C, digite:

para obter 1,23.

Da mesma forma, podemos determinar o valor de potências de expoente racional.

Exemplo:

1. $(12)^{3/4}$ Digite na HP 12-C:

para obter 6,45.

2. $5^{-2/3}$ Na HP 12-C, digite:

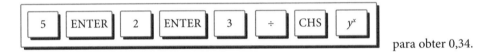

para obter 0,34.

3. $\sqrt[3]{-125}$

Em casos como esse, note que a única diferença entre $\sqrt[3]{-125}$ e $\sqrt[3]{125}$ é o sinal da resposta.

Se você digitar:

a máquina mostrará no visor Error 0.

Você deve digitar então:

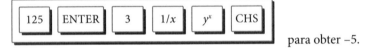

para obter −5.

Observações:

1. A expressão $\sqrt[n]{a}$, se n for par e se $a < 0$, não caracteriza um número real.

Exemplo:

As expressões a seguir não caracterizam números reais.

1. $\sqrt{-25}$
2. $\sqrt[4]{-12,03}$
3. $\sqrt[10]{-0,03}$

2. Não estão definidas expressões do tipo:

1. $(-10)^{0,2}$ 2. $(-2,35)^{1,3}$ 3. $(-125,3)^{-2,43}$

EXERCÍCIOS PROPOSTOS

Calcular com duas casas decimais as expressões a seguir, utilizando uma calculadora.

1. $2^{\frac{3}{4}}$
2. $(-5)^{\frac{2}{3}}$
3. $(-2)^{-4}$
4. $0^{\frac{3}{5}}$
5. $1^{\frac{2}{3}}$
6. $2^{-0,3}$
7. $(25)^{0,5}$
8. $(256)^{\frac{3}{4}}$
9. $\sqrt[3]{-0,008}$
10. $(-216)^{\frac{-2}{3}}$
11. $\sqrt{-64}$
12. $\sqrt[20]{-0,3}$
13. $(-0.5)^{0,33}$
14. 0^{-2}
15. $(-12,3)^{0,352}$

Respostas

1. 1,68
2. 2,92
3. 0,06
4. 0,00
5. 1,00
6. 0,81
7. 5,00
8. 64,00

9. −0,20
10. −0,03
11. não é número real.
12. não é número real.
13. não está definida.
14. não está definida.
15. não está definida.

1.4 Cálculo com números percentuais

Os números percentuais são representações de frações com denominador 100.

Os números percentuais, identificados pela anotação %, aparecem com muita frequência no comércio, na mídia, na Economia, na Estatística, na Matemática Financeira e em diversas outras áreas do conhecimento.

Os números percentuais mantêm com os números decimais a seguinte relação:

Para transformar um número percentual em um número real, devemos dividi-lo por 100.

Exemplo:

1. 70% $\dfrac{70}{100} = 0{,}7$

2. 25% $\dfrac{25}{100} = 0{,}25$

3. 300% $\dfrac{300}{100} = 3$

4. 2% $\dfrac{2}{100} = 0{,}02$

Para transformar um número real em um número percentual, devemos multiplicá-lo por 100.

Exemplo:

1. 0,43 $0{,}43 \times 100 = 43\%$
2. 0,08 $0{,}08 \times 100 = 8\%$
3. 1 $1 \times 100 = 100\%$
4. 0 $0 \times 100 = 0\%$

1.4.1 *Exemplos de aplicações*

1. Calcular 20% de R$ 1.700,00.

Solução:

20% corresponde a um número real 0,2. Portanto, 0,2 × 1.700 = R$ 340,00.
Na HP 12-C, digitamos:

2. Uma mercadoria foi comprada por R$ 50,00 e vendida por R$ 80,00. Determinar a taxa de lucro sobre o preço de compra e a taxa de lucro sobre o preço de venda.

Solução:

O lucro na operação foi: R$ 80,00 − R$ 50,00 = R$ 30,00.
A taxa de lucro sobre o preço de compra, denotada por i_c, é dada por:

$$i_c = \frac{L}{P_c} = \frac{R\$\ 30,00}{R\$\ 50,00} = 0,6 \text{ ou } 60\%$$

A taxa de lucro sobre o preço de venda, denotada por i_v, é dada por:

$$i_v = \frac{L}{P_v} = \frac{R\$\ 30,00}{R\$\ 80,00} = 0,375 \text{ ou } 37,5\%$$

Na HP 12-C, digitamos:

para obter a taxa de lucro sobre o preço de compra, e digitamos:

12 Capítulo 0

para obter a taxa de lucro sobre o preço de venda.

3. Um comerciante remarcou em 5% o preço de suas mercadorias. Qual é o novo preço de uma mercadoria que era vendida por R$ 74,50?

Solução:

5% corresponde ao número real 0,05. O aumento foi, portanto, 0,05 × R$ 74,50 = R$ 3,73. O novo preço da mercadoria é R$ 74,50 + R$ 3,73 = R$ 78,23.

Na HP 12-C, digitamos:

4. Um vestido estava exposto em uma loja com preço de etiqueta de R$ 210,00. Um cliente, alegando que faria pagamento à vista, solicitou um desconto de 15% e foi atendido. Quanto pagou pelo vestido?

Solução:

15% corresponde ao número real 0,15. O desconto foi, portanto, 0,15 × R$ 210,00 = R$ 31,50. O preço pago pelo vestido foi R$ 210,00 − R$ 31,50 = R$ 178,50.

Na HP 12-C, digitamos:

para obter o preço pago pelo vestido.

1.4.2 *Aplicações*

1. Um funcionário recebe um salário de R$ 850,00. Recebe também um adicional por tempo de serviço de 5% sobre o salário-base. Além disso, está respondendo pela chefia da seção, recebendo por isso 8% sobre o salário-base. O empregador desconta 8,5% sobre seu salário total para a contribuição previdenciária. Quanto recebe esse funcionário?

2. Uma pessoa recebe R$ 1.500,00 de salário da empresa em que trabalha. Recebe também R$ 700,00 do aluguel de um apartamento, além de R$ 800,00 de uma aplicação em CDB. Qual é a participação percentual de cada fonte em seu salário total?

Respostas

1. R$ 878,86
2. 50%; 23,33%; 26,67%.

2 EXPRESSÕES ALGÉBRICAS

As expressões numéricas, como vimos, fornecem um único valor, obtido depois de efetuadas as operações ali indicadas. Veremos, mais adiante, que é muito útil trabalhar com expressões em que aparecem letras representando números. À medida que atribuímos valores a essas letras, a expressão assume um valor correspondente.

2.1 Generalidades sobre expressões algébricas

Conceito

Expressão algébrica é uma expressão matemática composta por números, letras, operações e possivelmente sinais indicativos de prioridade.

Exemplos:

1. $x^2 - 5x$
2. $\frac{2}{4}a^2 - b$
3. $3x^2 - 12x + 10$
4. $3x^2 y$

Monômio

É uma expressão algébrica que não contém operações de adição nem subtração.

Exemplos:

1. x^2
2. $5x$
3. $\frac{4}{3}a^2$
4. $-x^2 y$
5. ax^2
6. 10

Binômio

É uma soma ou uma diferença de dois monômios.

Exemplos:

1. $2x + y^2$
2. $3x - y$
3. $x + 1$
4. $x^2 - 3$
5. $y - 10x$
6. $q + 1$

Trinômio

É a soma ou diferença de três monômios.

Exemplos:

1. $x^2 - 5x + 10$
2. $3x^4 + 10x^3 + x^2$
3. $5x^4 + 10x^3 + 100$
4. $-\dfrac{x^3}{3} - 4x^2 - 5$

Polinômio

É a soma ou diferença de mais de três monômios.

Exemplos:

1. $x^4 + x^3 - x^2 + 10$
2. $x^7 - 4x^5 + 3x^2 + 2x + 100$
3. $x^2y + 3xy^2 - 4x + 3y + 5xy - 3$

Monômios semelhantes

São os que possuem exatamente a mesma parte literal.

Exemplos:

1. $3a^2x$ e $5a^2x$
2. $5c$ e $-3c$
3. $5a^2b^2c$ e $7a^2b^2c$

Uma soma de dois monômios semelhantes pode ser reduzida a um só monômio.

Exemplos:

1. $3a^2x + 5a^2x = 8a^2x$
2. $5x + 4x = 9x$
3. $5a^2b^2c + 7a^2b^2c = 12a^2b^2c$

Uma diferença de dois monômios semelhantes pode ser reduzida a um só monômio.

Exemplos:

1. $3a^2x - 5a^2x = -2a^2x$
2. $5x - 4x = x$
3. $5a^2b^2c - 7a^2b^2c = -2a^2b^2c$

Não é possível reduzir uma soma ou diferença entre dois monômios quando eles não são semelhantes.

2.2 Valor numérico de expressões algébricas

É interessante desenvolver os exercícios deste item para ver se dominamos as operações numéricas e as regras de sinais e de prioridade. Cada valor que atribuímos às letras, um novo valor é obtido para a expressão.

Calcular o valor numérico de uma expressão algébrica consiste em substituir o valor variável x pelo valor solicitado na questão e efetuar as operações indicadas.

Para evitar confusão entre operações, recomendamos que a substituição de x pelo valor numérico seja feita entre parênteses.

Exemplos:

1. Calcular o valor de $3x + 1$ para $x = -2$.

Solução:

Substituindo-se x pelo valor -2, obtemos:
$3(-2) + 1 = -6 + 1 = -5$

2. Calcular o valor de $\dfrac{x^2 - 1}{x + 1}$ para $x = 3$

Solução:

Substituindo-se x pelo valor 3, obtemos:

$$\frac{(3)^2-1}{(3)+1} = \frac{9-1}{4} = \frac{8}{4} = 2$$

EXERCÍCIOS PROPOSTOS

1. Calcular o valor das expressões nos seguintes casos.

   1.1 $x^3 - 2x + 1$ para $x = -1$

   1.2 $x^5 - x^4 + 5$ para $x = 1$

   1.3 $4x^2 - 3x$ para $x = 0$

   1.4 $\dfrac{4-x}{3} + 1$ para $x = -2$

   1.5 $\dfrac{4x^3 - 2x + 1}{3x - 2}$ para $x = -2$

   1.6 $\dfrac{x^2 - 9}{x - 3}$ para $x = -3$

   1.7 $\dfrac{1}{\sqrt{1-x^3}}$ para $x = -1$

   1.8 $\dfrac{x + x\sqrt[3]{x}}{1 - x}$ para $x = -1$

   1.9 $\dfrac{1}{x^2 - 4} + 1$ para $x = 2$

   1.10 $\dfrac{1}{\sqrt{x}} + 2\sqrt{x + 12}$ para $x = 4$

Respostas

1.1 2

1.2 5

1.3 0

1.4 3

1.5 $\dfrac{27}{8}$

1.6 0

1.7 $\dfrac{1}{\sqrt{2}}$

1.8 0

1.9 A expressão não está definida para $x = 2$

1.9 $\dfrac{17}{2}$

2. Dada a igualdade $f(x) = 3x^2 - 5$, em que $f(5)$ é o valor da expressão $3x^2 - 5$ para $x = 5$, $f(2)$ é o valor da expressão $3x^2 - 5$ para $x = 2$ etc., calcular:

   2.1 $\dfrac{f(5) - f(2)}{5 - 2}$

   2.2 $\dfrac{f(3) - f(1)}{3 - 1}$

   2.3 $\dfrac{f(2) - f(0)}{2 - 0}$

   2.4 $f(0) + f(2) + f(4)$

   2.5 $\dfrac{f(4)}{f(2)} + 1$

   2.6 $[f(2)]^2 - [f(1)]^4$

2.1 21

2.2 12

2.3 6

2.4 45

2.5 $\dfrac{50}{7}$

2.6 33

No capítulo 1, estudaremos as funções e ali estaremos interessados em calcular o valor de uma expressão algébrica para muitos valores da variável. Neste caso pode ser interessante programar a sequência de operações, usando uma máquina calculadora programável ou, por exemplo, a Tabela Excel da Microsoft. Na Tabela Excel, o programa terá o aspecto:

No exercício 1.5, colocando o valor de x na célula A1: =(4*A1^3 − 2*A1+1)/(3*A1 − 2). Se A1= − 2, o valor obtido é 3,375.

No exercício 2.1, colocando o primeiro valor em A1 e o segundo em A2, teremos: =((3*A1^2 − 5) − (3*A2^2 − 5))/(A1 − A2).

Em 2.1, se você carrega 5 em A1 e 2 em A2, o resultado do programa é 21.

Em 2.2, se você carrega 3 em A1 e 1 em A2, o resultado do programa é 12.

Em 2.3, se você carrega 2 em A1 e 0 em A2, o resultado do programa é 6.

2.3 Operações com expressões algébricas

2.3.1 *Adição e subtração*

Consistem em eliminar os sinais indicativos de prioridades e reduzir os monômios semelhantes.

Quando o sinal que antecede uma prioridade for positivo, eliminamos o sinal indicativo de prioridade, mantendo a expressão interna idêntica.

Quando o sinal que antecede uma prioridade for negativo, eliminamos o sinal indicativo de prioridade e trocamos o sinal de cada um dos monômios contidos na prioridade.

Exemplos:

1. $(2x + 5y − 2) + (3x + y) − 2x + 5y − 2 + 3x + y − 5x + 6y − 2$
2. $(2x + 5y − 2) − (3x + y) = 2x + 5y − 2 − 3x − y = −x + 4y − 2$

2.3.2 *Multiplicação e divisão*

Para multiplicarmos expressões algébricas, devemos multiplicar cada monômio da primeira expressão pelo monômio da segunda expressão.

Para dividirmos expressões algébricas, devemos colocá-las na forma de fração e simplificar a expressão obtida.

Exemplos:

1. $(4x^2yz)(3x^3y^2) = 12x^5y^3z$

2. $4x^3y \div 5x^2y = \dfrac{4x^3y}{5x^2y} = \dfrac{4x}{5}$

Após as operações usuais com expressões algébricas, as operações especiais denominadas produtos notáveis são importantes para encaminhar a fatoração e, em consequência a simplificação dessas expressões. É o que você verá a seguir.

operações usuais → produtos notáveis → fatoração → simplificação

EXERCÍCIOS PROPOSTOS

Efetuar as operações indicadas:

1. $(4b + 3c - a) + (4a - 3b - 2c)$
2. $(5ab - 3c + 4d) + (-2d + 3c - 4ab)$
3. $(xy - 3x^2 + 1) + (3 + 5x^2 - 3xy)$
4. $\left(\dfrac{1}{2}xy^2 - 2x + y\right) + \left(4x - 2y + \dfrac{1}{4}x^2y\right)$
5. $(5xy - x^3 + 4y) + (5 + 2x^3 - 4y - 6xy)$
6. $(10x + 20y) - (5x + 15y)$
7. $(xy^3 - 2xy + 1) - (4xy + 5 + 2xy^3)$
8. $(x^2 + 2xy + 3y^2) - (x^2 - 2xy + 3y^2)$
9. $(-x^3 + 2xy + 4) - (2x^3 + 2xy + 8)$
10. $\left(\dfrac{3}{5}x^2y - 2zh\right) + \left(1 + 2zh + \dfrac{2}{5}x^2y\right) - \left(x^2y + 1\right)$
11. $(5a)(-7c)$
12. $(4a^2b)(-7ab^2)$
13. $(x + y^2 + 4)(x + 1)$
14. $(4x - 3y)(4x + 3y)$
15. $(x + 3)(x + 3)$
16. $(8x^2) \div (4x^2)$
17. $(xy) \div (4xy^2)$
18. $(3a^2b^4) \div (5a^4b^2)$
19. $(5x^2y^3 + 4x^4y - 3xy^2) \div (2xy)$
20. $\left(\dfrac{1}{5}x^3y + 4x + \dfrac{1}{8}y\right) \div \left(\dfrac{5}{8}x^2y\right)$

Respostas

1. $3a + b + c$
2. $ab + 2d$
3. $-2xy + 2x^2 + 4$
4. $\dfrac{1}{2}xy^2 + 2x - y + \dfrac{1}{4}x^2y$
5. $-xy + x^3 + 5$

6. $5x + 5y$
7. $-xy^3 - 6xy - 4$
8. $4xy$
9. $-3x^3 - 4$
10. 0
11. $-35ac$
12. $-28a^3b^3$
13. $x^2 + xy^2 + 5x + y^2 + 4$
14. $16x^2 - 9y^2$
15. $x^2 + 6x + 9$
16. 2
17. $\dfrac{1}{4y}$
18. $\dfrac{3b^2}{5a^2}$
19. $\dfrac{5xy^2}{2} + 2x^3 - \dfrac{3}{2}y$
20. $\dfrac{8}{25}x + \dfrac{32}{5xy} + \dfrac{1}{5x^2}$

2.4 Produtos notáveis

Os conhecimentos apresentados nos itens 2.4 a 2.6 mostram como podemos reduzir ou expandir as expressões algébricas. Em alguns casos essas habilidades reduzem bastante o trabalho com expressões.

1. $(a + b)^2 = (a + b)(a + b) = a^2 + 2ab + b^2$
2. $(a - b)^2 = (a - b)(a - b) = a^2 - 2ab + b^2$
3. $(a + b)(a - b) = a^2 - b^2$

Exemplos:

Desenvolver os produtos indicados:
1. $(x + 3)^2 = x^2 + 2(x)(3) + 3^2 = x^2 + 6x + 9$
2. $(2x - 5)^2 = (2x)^2 - 2(2x)(5) + 5^2 = 4x^2 - 20x + 25$
3. $(3x - 1)(3x + 1) = (3x)^2 - (1)^2 = 9x^2 - 1$

EXERCÍCIOS PROPOSTOS

Desenvolver os produtos indicados:
1. $(1 + 2i)^2$
2. $(2x + 5)^2$
3. $\left(\dfrac{x}{2} + \dfrac{1}{4}\right)^2$
4. $(3x + 4y)^2$
5. $\left(\sqrt{2} - x\right)^2$
6. $(3x - y)^2$
7. $\left(\dfrac{1}{x} - 2y\right)^2$
8. $(5x + 1)(5x - 1)$
9. $(2x^2 + 1)(2x^2 - 1)$
10. $\left(\sqrt{x} + y\right)\left(\sqrt{x} - y\right)$

Respostas

1. $1 + 4i + 4i^2$
2. $4x^2 + 20x + 25$
3. $\dfrac{1}{4}x^2 + \dfrac{1}{4}x + \dfrac{1}{16}$
4. $9x^2 + 24xy + 16y^2$
5. $2 - 2\sqrt{2}x + x^2$
6. $9x^2 - 6xy + y^2$
7. $\dfrac{1}{x^2} - \dfrac{4y}{x} + 4y^2$
8. $25x^2 - 1$
9. $4x^4 - 1$
10. $x - y^2$

2.5 Fatoração

Uma expressão matemática está fatorada quando está escrita na forma de uma multiplicação.

Exemplos:

1. $2x$
2. $4x^2y$
3. $x(2 + y)$
4. $(3x + 2)(2y + 5)$

Casos de fatoração

Caso 1. Evidência

Consiste em colocar em evidência os fatores comuns em todas as parcelas.

Exemplos:

Fatorar a expressão: $6x^2y + 12x^3y^2 - 3x^2y^2$

Os fatores comuns nas três parcelas são: $3x^2y$. Podemos escrever, portanto:

$$6x^2y + 12x^3y^2 - 3x^2y^2 = (3x^2y)(2 + 4xy - y)$$

Caso 2. $a^2 + 2ab + b^2 = (a + b)^2$

Exemplo 1:

Fatorar a expressão: $\quad x^2 + 6x + 9$
$\qquad\qquad\qquad\qquad\qquad\quad \downarrow \qquad\quad \downarrow$
Observe que $\qquad\qquad\quad (x)^2 \qquad (3)^2$ e $2(x)(3) = 6x$

Então, $x^2 + 6x + 9 = (x + 3)^2$

Exemplo 2:

Fatorar a expressão: $4x^2 + 20x + 25$

Observe que $(2x)^2 \quad (5)^2$ e $2(2x)(5) = 20x$

Então, $4x^2 + 20x + 25 = (2x + 5)^2$

Caso 3. $a^2 - 2ab + b^2 = (a - b)^2$

Exemplo 3:

Fatorar a expressão: $9x^2 - 6xy + y^2$

Observe que $(3x)^2 \quad (y)^2$ e $2(3x)(y) = 6xy$

Então, $9x^2 - 6xy + y^2 = (3x - y)^2$

Caso 4. $a^2 - b^2 = (a + b)(a - b)$

Exemplo 4:

Fatorar a expressão: $4x^2 - 9y^2$

Observe que $(2x)^2 \quad (3y)^2$

Então, $4x^2 - 9y^2 = (2x - 3y)(2x + 3y)$

EXERCÍCIOS PROPOSTOS

Fatorar:

1. $2x + 4x$
2. $3x - 9y + 12$
3. $4xy - 3x^2y^2 + 10x^3y$
4. $p + pin$
5. $10x^2 - 12x$
6. $1 + 2i + i^2$
7. $x^2 + x + \dfrac{1}{4}$
8. $4x^2 + 12xy + 9y^2$
9. $x^2 + 2\sqrt{2}x + 2$
10. $4x^4 + 4x^2 + 1$

22 Capítulo 0

11. $x^2 - 8x + 16$

12. $4x^2 - 2x + \dfrac{1}{4}$

13. $\dfrac{9x^2}{4} - 3x + 1$

14. $1 - 6x + 9x^2$

15. $9x^4 - 30x^2 + 25$

16. $x^2 - 1$

17. $25x^2 - 9$

18. $16a^2 - \dfrac{1}{9}$

19. $a^4 - b^4$

20. $x - y$

21. $PMT + PMT(1 + i) + PMT(1 + i)^2$

Respostas

1. $6x$
2. $3(x - 3y + 4)$
3. $xy(4 - 3xy + 10x^2)$
4. $p(1 + in)$
5. $2x(5x - 6)$
6. $(1 + i)(1 + i)$
7. $\left(x + \dfrac{1}{2}\right)\left(x + \dfrac{1}{2}\right)$
8. $(2x + 3y)(2x + 3y)$
9. $\left(x + \sqrt{2}\right)\left(x + \sqrt{2}\right)$
10. $(2x^2 + 1)(2x^2 + 1)$
11. $(x - 4)(x - 4)$
12. $\left(2x - \dfrac{1}{2}\right)\left(2x - \dfrac{1}{2}\right)$
13. $\left(\dfrac{3}{2}x - 1\right)\left(\dfrac{3}{2}x - 1\right)$
14. $(1 - 3x)(1 - 3x)$
15. $(3x^2 - 5)(3x^2 - 5)$
16. $(x + 1)(x - 1)$
17. $(5x - 3)(5x + 3)$
18. $\left(4a - \dfrac{1}{3}\right)\left(4a + \dfrac{1}{3}\right)$
19. $(a^2 - b^2)(a^2 + b^2)$
20. $\left(\sqrt{x} - \sqrt{y}\right)\left(\sqrt{x} + \sqrt{y}\right)$
21. $PMT[1 + (1 + i) + (1+i)^2]$

2.6 Simplificação

Só podemos simplificar uma fração quando o numerador e o denominador estiverem fatorados e apresentarem pelo menos um fator comum.

Exemplo 1:

Simplificar a expressão:

$$\dfrac{3x^2 + 9x}{3x}$$

Fatorando o numerador, obtemos: $3x^2 + 9x = 3x(x + 3)$. Portanto,

$$\dfrac{3x^2 + 9x}{3x} = \dfrac{3x(x+3)}{3x} = \dfrac{3x}{3x}(x+3) = 1.(x+3) = x+3$$

Exemplo 2:

Simplificar a expressão:
$$\frac{x^2-9}{x^2-6x+9}$$

Fatorando o numerador, obtemos: $x^2 - 9 = (x - 3)(x + 3)$.
Fatorando o denominador, obtemos: $x^2 - 6x + 9 = (x - 3)(x - 3)$.

Portanto,
$$\frac{x^2-9}{x^2-6x+9} = \frac{(x-3)(x+3)}{(x-3)(x-3)} = 1 \cdot \frac{(x+3)}{(x-3)} = \frac{(x+3)}{(x-3)}$$

EXERCÍCIOS PROPOSTOS

Simplificar as expressões seguintes:

1. $\dfrac{3x^4 - 10x^2}{x^5 - x^2}$

2. $\dfrac{x^2 - 16}{x + 4}$

3. $\dfrac{2x - 2}{(x-1)^2}$

4. $\dfrac{(x+3)^2}{x^2 - 9}$

5. $\dfrac{x^2 \quad 9}{x - 3}$

6. $\dfrac{xy^2 - x^2 y}{2xy}$

7. $\dfrac{x + 7}{x^2 - 49}$

8. $\dfrac{x^2 + 10x + 25}{x + 5}$

9. $\dfrac{x^2 - 36}{(x-6)^2}$

10. $\dfrac{x^2 + 6x}{x^2 - 36}$

11. $\dfrac{4x + 6}{2x}$

12. $\dfrac{x^2 + 6x + 9}{2x + 6}$

13. $\dfrac{2x + 14}{49 - x^2}$

14. $\dfrac{x^2 - 12x + 36}{(x-6)^2}$

15. $\dfrac{y - z}{x + w} \div \dfrac{y^2 - z^2}{x^2 - w^2}$

Respostas

1. $\dfrac{3x^2 - 10}{x^2 - 1}$
2. $x - 4$
3. $\dfrac{2}{x - 1}$
4. $\dfrac{x + 3}{x - 3}$
5. $x + 3$
6. $\dfrac{y - x}{2}$
7. $\dfrac{1}{x - 7}$
8. $x + 5$
9. $\dfrac{x + 6}{x - 6}$
10. $\dfrac{x}{x - 6}$
11. $\dfrac{2x + 3}{x}$
12. $\dfrac{x + 3}{2}$
13. $\dfrac{2}{7 - x}$
14. 1
15. $\dfrac{x - w}{y + z}$

3 EQUAÇÃO DO 1º GRAU

Duas amigas se encontram quando uma delas exibe um pacote com 3 camisetas de mesmo preço que havia comprado. A amiga pergunta quanto ela pagou por uma camiseta. A resposta é: não me lembro. Mas lembro que paguei com uma nota de R$ 50,00 e recebi de troco R$ 17,00. Assim, a loja forneceu 3 camisetas mais R$ 17,00 de troco. A compradora forneceu R$ 50,00. Então, 3 camisetas + 17 = 50, é um modelo que representa essa operação de compra. É uma equação.

3.1 Generalidades

Conceito

Chama-se equação do 1º grau, na variável x, a qualquer expressão algébrica que possa ser reduzida à forma: $Ax + B = 0$, com $A \in R$, $B \in R$, $A \neq 0$.

Exemplos:

1. $2x + 10 = 0$
2. $x - 3 = 0$
3. $-x + 5 = 0$
4. $\dfrac{3x - 2}{5} = 0$

5. $3x - 2 = 2x + 3$

6. $\dfrac{2}{3}x + 1 = \dfrac{5}{4}$

Solução:

Chama-se solução ou raiz de uma equação a um valor real que, substituído na equação, a torne verdadeira.

Exemplo:

Considerar a equação $2x - 10 = 0$

Para $x = 5$, a expressão reduz-se a $2(5) - 10 = 0$ ou

$10 - 10 = 0$ ou

$0 = 0$, que é verdadeiro,

portanto $x = 5$ é a raiz da equação

$2x - 10 = 0$.

Para $x = 2$, a expressão reduz-se a $2(2) - 10 = 0$ ou

$4 - 10 = 0$ ou

$-6 = 0$, que é falso,

portanto $x = 2$ não é uma raiz da equação

$2x - 10 = 0$.

Para obter com facilidade a solução de uma equação do 1º grau, podemos utilizar o processo dedutivo, que consiste em isolar a variável x, realizando para isso operações inversas na ordem inversa.

Exemplos:

Resolver as equações:

Exemplo 1:

$$2x - 10 = 0$$

Observe no 1º membro da equação que a multiplicação tem prioridade sobre a subtração. Para isolar x, devemos desfazer essas operações na ordem inversa: primeiro a subtração e depois a multiplicação. Para desfazer a subtração, utilizamos sua inversa que é a adição. Somando em ambos os membros o número 10, obtemos: $2x - 10 + 10 = 0 + 10$, ou $2x = 10$. Para desfazer a multiplicação, utilizamos sua inversa que é a divisão. Dividindo ambos os membros pelo número 2, obtemos:

$$\dfrac{2x}{2} = \dfrac{10}{2}$$ ou $x = 5$. A solução da equação $2x - 10 = 0$ é $x = 5$.

Exemplo 2:

$$2x - 6 = x + 3$$

Observe que x aparece em ambos os membros da equação. Como o objetivo é isolar x, devemos deixar no primeiro membro apenas os monômios que dependem de x. Com isso, x passa a ser um fator comum no 1º membro, o que permite que seja colocado em evidência, reduzindo a expressão.

$$2x - x = 3 + 6 \text{ ou } x = 9.$$

EXERCÍCIOS PROPOSTOS

Resolver as equações:

1. $2x + 3 = 9$

2. $\dfrac{3}{4}x = \dfrac{2}{5}$

3. $-4x = 27$

4. $10 + x = 9 - 2x$

5. $\dfrac{4 - 10x}{25} = \dfrac{1}{5}$

6. $\dfrac{4}{5x + 1} = \dfrac{9}{10x + 6}$

7. $\dfrac{10x - 5}{6} = \dfrac{4x - 9}{5}$

8. $3x - 12 = 10 - x$

9. $\dfrac{3}{7}x - \dfrac{2}{5} = \dfrac{11}{35} - x$

10. $\dfrac{\dfrac{1}{4} + \dfrac{2}{3}x}{1 + \dfrac{9}{2}} = 1$

Respostas

1. $x = 3$

2. $x = \dfrac{8}{15}$

3. $x = \dfrac{-27}{4}$

4. $x = \dfrac{-1}{3}$

5. $x = \dfrac{-1}{10}$

6. $x = 3$

7. $x = \dfrac{-29}{26}$

8. $x = \dfrac{11}{2}$

9. $x = \dfrac{1}{2}$

10. $x = \dfrac{63}{8}$

3.2 Aplicações

Algumas situações simples podem ser modeladas com o auxílio de uma equação do 1º grau.

Exemplo:

Um pagamento foi acrescido de 50% de seu valor, resultando em um total a ser pago de R$ 300,00. Qual o valor da dívida original?

Solução:

Vamos chamar a dívida original de x. O acréscimo corresponde a 50% de x ou $0,5x$. O valor acrescido é $x + 0,5x = 300$. Resolvendo a equação, obtemos: $1,5x = 300$ ou $x = \dfrac{300}{1,5} = 200$.

Resposta: A dívida original era de R$ 200,00.

EXERCÍCIOS PROPOSTOS

É muito importante que o estudante se esforce no sentido de construir os modelos algébricos que representam a situação descrita em cada exercício. A criação desta habilidade em muito irá favorecer o entendimento e a manipulação de situações mais complexas.

1. Um produto teve seu preço aumentado em 20% para pagamento a prazo, resultando um total de R$ 600,00. Qual era o preço à vista do produto?

2. Duas pessoas têm juntas R$ 135,00. Quanto possui cada uma delas, sabendo-se que uma possui o dobro da outra?

3. O peso bruto de um produto é 1.000 g. Sabendo-se que a embalagem corresponde a 4% do peso bruto, qual é o peso líquido do produto?

4. Um garoto gastou a metade do dinheiro que possuía para ingressar em um evento esportivo e mais R$ 5,00 para pagamento de um *hot-dog* e refrigerante. Se ele ainda ficou com R$ 10,00, quanto possuía ao chegar ao evento?

5. Um produto é anunciado em uma loja com pagamento em duas vezes sem juros, ou à vista com desconto de 20%. Se uma pessoa pagou à vista R$ 400,00 pelo produto, qual o valor das prestações para a compra a prazo?

6. Em um retângulo, um lado mede $\dfrac{2}{3}$ da medida do outro lado. Determinar as dimensões do retângulo se seu perímetro é 100 cm.

7. Uma pessoa fez um acordo com uma administradora para pagar o saldo de seu cartão de crédito em três vezes sem juros. O primeiro pagamento corresponde à metade da dívida e o segundo pagamento, R$ 300,00. Qual o valor da dívida, se o último pagamento era de 20% da dívida original?

8. Uma caixa contém porcas e parafusos. Cada parafuso pesa o dobro de uma porca. O peso bruto da caixa é de 2.500 g, e a embalagem corresponde a 4% do peso bruto. Qual a quantidade de parafusos da caixa, sabendo-se que o total de peças é 100 e que cada porca pesa 20g?

Respostas

1. R$ 500,00
2. R$ 45,00 e R$ 90,00
3. 960 g
4. R$ 30,00
5. R$ 250,00 cada um
6. 20 cm e 30 cm
7. R$ 1.000,00
8. 20 parafusos

4 INEQUAÇÃO DO 1º GRAU

No início do item 3, se a compradora, ao ser perguntada pelo preço da camiseta, respondesse: não me lembro, mas lembro que paguei com uma nota de R$ 50,00 e recebi de troco uma nota de R$ 10,00 e algumas moedas, neste caso, podemos concluir que o valor de 3 camisetas + R$ 10,00 é menor que R$ 50,00, pois desconhecemos a parte do troco em moedas. Assim, 3 camisetas + 10,00 < 50,00 é uma inequação.

4.1 Generalidades

Chama-se inequação do 1º grau, na variável x, a qualquer expressão algébrica que possa ser reduzida a uma das formas:

1. $Ax + B < 0$
2. $Ax + B \leq 0$
3. $Ax + B > 0$
4. $Ax + B \geq 0$, com $A \in R$, $B \in R$, $A \neq 0$.

Exemplos:

1. $3x - 6 < 0$
2. $x - 4 > 0$
3. $3x - 2 \geq 2x + 3$
4. $5x - 1 \leq x$

Para obtermos o conjunto solução de uma inequação do 1º grau, podemos utilizar o processo dedutivo, que consiste em isolar a variável x, realizando, para isto, operações inversas na ordem inversa, como foi feito na determinação da solução da equação do 1º grau.

Devemos observar que, em desigualdades, toda vez que multiplicamos ou dividimos ambos os membros por um número negativo, devemos inverter o sinal da desigualdade.

Exemplos:

Resolver as inequações:

1. $-3x > 6$

   Para isolar x, devemos dividir ambos os membros da inequação por -3 que é um número negativo. Devemos então inverter o sinal da desigualdade:

   $$\frac{-3x}{-3} < \frac{6}{-3} \text{ ou } x < -2.$$

2. $4 - 2x \leq -8$

De acordo com o processo dedutivo, devemos obter:

$$-2x \leq -8 - 4 \text{ ou}$$
$$-2x \leq -12 \text{ ou}$$
$$x \geq \frac{-12}{-2} \text{ ou}$$
$$x \geq 6.$$

EXERCÍCIOS PROPOSTOS

Resolver as inequações:

1. $5x \geq 20$

2. $2x \leq 4$

3. $-4x \geq 16$

4. $\frac{1}{5}x \geq \frac{3}{8}$

5. $\frac{1-x}{4} < 10$

6. $\frac{2-x}{4} \leq \frac{4x+1}{3}$

7. $-0{,}2x \geq 0{,}6 - 1{,}2x$

8. $\frac{9}{5}x + \frac{1}{4} \leq \frac{2}{3}x + 1$

9. $0{,}4x - \frac{1}{2} \leq -0{,}2x + 3$

10. $\frac{-1}{3}x + \frac{1}{7} \geq -x + 5$

Respostas

1. $x \geq 4$
2. $x \leq 2$
3. $x \leq -4$
4. $x \geq \frac{15}{8}$
5. $x > 39$
6. $x \geq \frac{1}{23}$
7. $x \geq 0{,}6$
8. $x \leq \frac{45}{68}$
9. $x \leq \frac{35}{6}$
10. $x \geq \frac{51}{7}$

EXEMPLO DE APLICAÇÃO

1. Uma pessoa sai de casa com R$ 300,00. Pretende adquirir por R$ 160,00 uma passagem de ida e volta para um balneário e acredita que gastará R$ 25,00 por dia com outras despesas no local. Quanto tempo ele pode ficar hospedado nesse balneário, se reservar R$ 40,00 para uma emergência qualquer?

Solução:

A variável x representa o número de dias que essa pessoa poderá ficar hospedada no balneário.

Inequação que reflete a despesa da pessoa:	$160 + 25x$
Reserva	40
Total	$200 + 25x$
Disponibilidade R$ 300,00. Portanto:	$200 + 25x \leq 300$
Resolvendo esta inequação, obtemos:	$25x \leq 300 - 200$
	$x \leq \dfrac{100}{25}$ ou $x \leq 4$.

Resposta

Para ficar dentro do orçamento, a pessoa poderá hospedar-se no balneário no máximo quatro dias.

4.2 Aplicações

Procure construir os modelos descritos em cada exercício. É importante esse treinamento.

1. A relação entre o preço de venda e a quantidade vendida de um produto é dada pela equação $q = 100 - 2p$. Determine os valores de p para os quais a quantidade vendida é de no mínimo 40 unidades.
2. Um feirante vende seu produto com margem de lucro de 40% sobre o preço de custo. Se adquirir a unidade por R$ 2,00, qual quantidade deverá vender para lucrar no mínimo R$ 120,00?
3. Uma pessoa economizou R$ 400,00 para pagar prestações de dois carnês em atraso. O primeiro carnê tem prestações fixas de R$ 50,00 e o segundo tem prestações fixas de R$ 80,00. Qual o número máximo de prestações que ele poderá pagar do segundo carnê, se for obrigado a quitar pelo menos duas prestações do primeiro carnê?
4. No problema anterior, se o primeiro carnê tem apenas quatro prestações a pagar, qual o número mínimo e máximo de prestações que ele pode pagar do segundo carnê?
5. Um hotel tem acomodações para 50 hóspedes. Cada hóspede gasta R$ 40,00 em acomodação por dia. Sabe-se que 40% dos hóspedes utilizam o restaurante do hotel e gastam em média R$ 10,00 por pessoa. Quantos hóspedes o hotel deverá abrigar para ter receita diária:
   a. De no mínimo R$ 1.000,00.
   b. Entre R$ 1.500,00 e R$ 2.000,00.

Respostas

1. $p \leq 30$
2. $x \geq 150$
3. 3
4. No mínimo duas e no máximo três prestações.
5. a. No mínimo 23.
   b. No mínimo 35 e no máximo 45.

5 EQUAÇÃO DO 2º GRAU

Em certos casos, a construção do modelo matemático de um problema envolve o produto do valor desconhecido por expressões que abarcam também este valor. Neste caso, o quadrado do valor aparece no modelo algébrico correspondente, dando origem a uma equação do segundo grau.

5.1 Generalidades

Conceito

Chama-se equação do 2º grau na variável x a qualquer expressão algébrica que possa ser reduzida à forma:
$$Ax^2 + Bx + C = 0, \text{ com } A \in R, B \in R, C \in R \text{ e } A \neq 0.$$

Exemplos:

1. $x^2 - 5x + 6 = 0$ $A = 1$ $B = -5$ $C = 6$
2. $-x^2 + 12x - 15 = 0$ $A = -1$ $B = 12$ $C = -15$
3. $x^2 - 100 = 0$ $A = 1$ $B = 0$ $C = -100$
4. $3x^2 + 12x = 0$ $A = 3$ $B = 12$ $C = 0$
5. $4x^2 = 0$ $A = 4$ $B = 0$ $C = 0$

Os números reais A, B e C são chamados coeficientes da equação.

5.2 Equação completa

Quando todos os coeficientes forem não nulos, a equação é denominada equação completo do 2º grau. Nesse caso, o melhor processo de determinação das soluções da equação é a solução geral dada por:

$$x = \frac{-B \pm \sqrt{B^2 - 4AC}}{2A}$$

Se $\Delta = B^2 - 4AC > 0$, a equação admite duas raízes reais e desiguais.

Se $\Delta = B^2 - 4AC = 0$, a equação admite duas raízes reais e iguais.

Se $\Delta = B^2 - 4AC < 0$, a equação não admite raízes reais.

Exemplos:

Resolver as equações:

Exemplo 1:

$$x^2 - 7x + 12 = 0$$

Nesse caso, $A = 1$, $B = -7$ e $C = 12$.
Portanto, $\Delta = B^2 - 4AC$

$$\Delta = (-7)^2 - 4(1)(12) = 1 \text{ e } x = \frac{-(-7) \pm \sqrt{1}}{2(1)} = \frac{7 \pm 1}{2} \begin{cases} x' = 3 \\ x'' = 4 \end{cases}$$

Exemplo 2:

$$3x^2 - 4x + 6 = 0$$

Nesse caso, $A = 3$, $B = -4$ e $C = 6$.
Portanto, $\Delta = B^2 - 4AC$
$\Delta = (-4)^2 - 4(3)(6) = -56$. A equação não admite raízes reais.

EXERCÍCIOS PROPOSTOS

Resolver as equações:

1. $x^2 - 5x + 6 = 0$
2. $x^2 - 2x - 15 = 0$
3. $x^2 - 4x + 4 = 0$
4. $-x^2 + 10x - 21 = 0$
5. $4x^2 + 4x + 1 = 0$
6. $x^2 + 7x + 10 = 0$
7. $x^2 - \frac{11}{2}x + \frac{5}{2} = 0$
8. $3x^2 = 5x - 10$
9. $3x^2 - 12x = 4$
10. $2x(x + 1) = 0$

Respostas

1. $x' = 2$ e $x'' = 3$
2. $x' = 5$ e $x'' = -3$
3. $x' = 2$ e $x'' = 2$
4. $x' = 7$ e $x'' = 3$
5. $x' = -\frac{1}{2}$ e $x'' = -\frac{1}{2}$
6. $x' = -2$ e $x'' = -5$

7. $x' = \dfrac{1}{2}$ e $x'' = 5$

9. $x' = \dfrac{12 - \sqrt{192}}{6}$ e $x'' = \dfrac{12 + \sqrt{192}}{6}$

8. não tem solução real.

10. $x' = 0$ e $x'' = -1$

5.3 Equações incompletas

Quando uma equação do 2º grau apresenta o coeficiente $B = 0$ ou o coeficiente $C = 0$, a equação é denominada incompleta.

Embora a solução geral também resolva as equações incompletas, existem para elas métodos mais simples de solução.

1º Caso: $C = 0$

A equação reduz-se à expressão $Ax^2 + Bx = 0$.

Solução

A variável x é um fator comum no 1º membro da equação e pode ser colocada em evidência: $x(Ax + B) = 0$.

Para que o produto de x por $Ax + B$ resulte em zero, é necessário que:

$$\begin{cases} x = 0 \\ \text{ou} \\ Ax + B = 0 \Rightarrow Ax = -B \Rightarrow x = \dfrac{-B}{A} \end{cases}$$

As raízes da equação são: $x' = 0$ e $x'' = \dfrac{-B}{A}$

Exemplo:

Resolver a equação $4x^2 - 10x = 0$

Solução:

$$4x^2 - 10x = 0 \Rightarrow x(4x - 10) = 0 \Rightarrow \begin{cases} x = 0 \\ \text{ou} \\ 4x - 10 = 0 \end{cases} \Rightarrow \begin{cases} x = 0 \\ \text{ou} \\ 4x = 10 \end{cases} \Rightarrow \begin{cases} x = 0 \\ \text{ou} \\ x = \dfrac{10}{4} = \dfrac{5}{2} \end{cases}$$

As raízes da equação $4x^2 - 10x = 0$ são: $x' = 0 \quad x'' = \dfrac{5}{2}$

2º Caso: $B = 0$

A equação reduz-se à expressão $Ax^2 + C = 0$.
Isolando a variável x, obtemos:

$$Ax^2 = -C \Rightarrow x^2 = \frac{-C}{A} \Rightarrow x = \pm\sqrt{\frac{-C}{A}}$$

Se $\frac{-C}{A} \geq 0$, a radiciação pode ser efetuada no campo real, e a equação admitirá duas raízes reais $x' = -\sqrt{\frac{-C}{A}}$ e $x'' = \sqrt{\frac{-C}{A}}$

Se $\frac{-C}{A} < 0$, a radiciação não pode ser efetuada no campo real, e a equação não admitirá raízes reais.

Exemplos:

Resolver as equações:

1. $4x^2 - 16 = 0$

Solução:

$$4x^2 - 16 = 0 \Rightarrow 4x^2 = 16 \Rightarrow x^2 = \frac{16}{4} \Rightarrow x^2 = 4 \Rightarrow x = \pm\sqrt{4} \Rightarrow x = \pm 2$$

As raízes da equação $4x^2 - 16 = 0$ são: $x' = -2$ e $x'' = +2$.

2. $4x^2 + 16 = 0$

Solução:

$$4x^2 + 16 = 0 \Rightarrow 4x^2 = -16 \Rightarrow x^2 = -\frac{16}{4} \Rightarrow x^2 = -4 \Rightarrow x = \pm\sqrt{-4}$$

A equação não admite raízes reais.

3º Caso: $B = 0$ e $C = 0$

A equação reduz-se à expressão $Ax^2 = 0$.

Isolando a variável x, obtemos: $x^2 = \dfrac{0}{A} \Rightarrow x^2 = 0 \Rightarrow x.x = 0 \Rightarrow \begin{cases} x = 0 \\ \text{ou} \\ x = 0 \end{cases}$

As raízes da equação: $Ax^2 = 0$ são: $x' = 0$ e $x'' = 0$.

EXERCÍCIOS PROPOSTOS

Resolver as equações:

1. $5x^2 - 20x = 0$
2. $-3x^2 + 12x = 0$
3. $x^2 = -x$
4. $x^2 - 64 = 0$
5. $3x^2 - 40 = 0$
6. $3x^2 + 40 = 0$
7. $-5x^2 - 100 = 0$
8. $4x^2 = 0$
9. $\dfrac{3}{4}x^2 = 0$
10. $\sqrt{\dfrac{3}{5}}x^2 = 0$

Respostas

1. $x' = 4$ e $x'' = 0$
2. $x' = 0$ e $x'' = 4$
3. $x' = 0$ e $x'' = -1$
4. $x' = 8$ e $x'' = -8$
5. $x' = +\sqrt{\dfrac{40}{3}}$ e $x'' = -\sqrt{\dfrac{40}{3}}$
6. A equação não admite solução real
7. A equação não admite solução real
8. $x' = 0$ e $x'' = 0$
9. $x' = 0$ e $x'' = 0$
10. $x' = 0$ e $x'' = 0$

Exemplo de aplicação

Dois números apresentam soma 20 e produto 91. Quais são esses números?

Solução

Representaremos os números por x e $20 - x$.

Equação do produto deles:

$$x(20 - x) = 91 \text{ ou}$$
$$20x - x^2 = 91 \text{ ou}$$
$$-x^2 + 20x - 91 = 0$$

Resolvendo a equação completa do 2º grau resultante:

$$\begin{cases} A = -1 \\ B = 20 \\ C = -91 \end{cases} \quad \Delta = (20)^2 - 4(-1)(-91) = 400 - 364 = 36$$

$$x = \frac{-20 \pm \sqrt{36}}{2(-1)} = \frac{-20 \pm 6}{-2} \Rightarrow \begin{cases} x' = 7 \\ x'' = 13 \end{cases}$$

Resposta: Os números procurados são 7 e 13.

5.4 Aplicações

1. Determinar dois números positivos com soma 14 e produto 33.
2. Determinar dois números negativos com diferença 4 e produto 21.
3. Determinar as dimensões de um retângulo com área de 80 m², sabendo-se que um lado tem 2 m a mais que o outro.
4. A razão entre dois números é 4 e seu produto é 36. Quais são esses números?
5. O lucro devido à comercialização de um produto é calculado pela equação $L = -q^2 + 8q - 10$, em que q é a quantidade comercializada. Determinar o menor valor de q para o qual o lucro seja de R$ 2,00.

Respostas

1. 11 e 3
2. −7 e −3
3. 8 m e 10 m
4. 3 e 12 ou −3 e −12
5. $q = 2$

6 INEQUAÇÕES DO 2º GRAU

A diferença básica entre as equações e as inequações é que nas equações conhecemos o valor da expressão algébrica, enquanto nas inequações, sabemos apenas que a expressão algébrica tem valor menor ou então que tem valor maior do que um número.

6.1 Generalidades

Conceito

Chama-se inequação do 2º grau na variável x a qualquer expressão algébrica que possa ser reduzida a uma das formas:

- $Ax^2 + Bx + C > 0$.
- $Ax^2 + Bx + C \geq 0$.
- $Ax^2 + Bx + C < 0$.
- $Ax^2 + Bx + C \leq 0$, com $A \in R$, $B \in R$, $C \in R$ e $A \neq 0$.

Exemplos:

1. $x^2 - 10x + 21 > 0$
2. $x^2 - 100 \geq 0$
3. $-x^2 + 5x - 6 < 0$
4. $x^2 - 3x \leq 5x - 12$
5. $x^2 - 6x > 0$
6. $\dfrac{3}{4}x^2 \geq 0$

A resolução de uma inequação qualquer do 2º grau pode ser resumida em três etapas.

- Resolver a equação $Ax^2 + Bx + C = 0$.
- Estabelecer a variação de sinais do trinômio $y = Ax^2 + Bx + C$, segundo as regras:
  - Se a equação admite duas raízes reais e distintas x' e x'', a regra a ser seguida é:

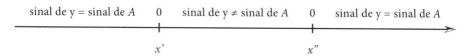

  - Se a equação admite duas raízes reais e iguais x' e x'', a regra a ser seguida é:

sinal de y = sinal de A 　　0　　 sinal de y = sinal de A

$x' = x''$

  - Se a equação não admite raízes reais, a regra a ser seguida é:

sinal de y = sinal de A

- Apresentar a solução algébrica, atendendo a desigualdade fixada pela inequação.

Exemplos:

Resolver as inequações:

Exemplo 1:

$$x^2 - 10x + 21 > 0$$

- Resolver a equação $x^2 - 10x + 21 = 0$
  Neste caso: $A = 1$, $B = -10$ e $C = 21$. Então, $\Delta = (-10)^2 - 4(1)(21) = 100 - 84 = 16$.
  Portanto,
  $$x = \frac{-(-10) \pm \sqrt{16}}{2(1)} = \frac{10 \pm 4}{2} = \begin{cases} x' = 3 \\ x'' = 7 \end{cases}$$

- Estabelecer a variação de sinal de $y = x^2 - 10x + 21$
  Como a equação admite duas raízes reais e distintas, a regra a ser seguida é:

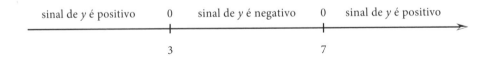

Como $A > 0$,

| sinal de y é positivo | 0 | sinal de y é negativo | 0 | sinal de y é positivo |

3   7

- Como a inequação fixa $y > 0$, o sinal de y é positivo, e a solução é dada por:

$$S = \{x \in R \mid x < 3 \text{ ou } x > 7\}$$

Exemplo 2:

$$x^2 - 2x + 10 \geq 0$$

- Resolver a equação: $x^2 - 2x + 10 = 0$
  Neste caso: $A = 1$, $B = -2$ e $C = 10$. Então, $\Delta = (-2)^2 - 4(1)(10) = 4 - 40 = -36 < 0$.
  A equação não admite raízes reais.

- Estabelecer a variação de sinal de $y = x^2 - 2x + 10$
  A regra a ser seguida é:

  $$\text{sinal de } y = \text{sinal de } A$$

  Como $A > 0$, então:

  $$\text{sinal de } y \text{ é positivo}$$

- Como a inequação fixa $y \geq 0$, o sinal de y é positivo ou nulo, e a solução é dada por:
  $$S = R$$

Exemplo 3:
$$-x^2 + 4x - 4 \geq 0$$

- Resolver a equação: $-x^2 + 4x - 4 = 0$
  Neste caso: $A = -1$, $B = 4$ e $C = -4$. Então, $\Delta = (4)^2 - 4(-1)(-4) = 16 - 16 = 0$.
  Portanto,

  $$x = \frac{-(4) \pm \sqrt{0}}{2(-1)} = \frac{-4 \pm 0}{-2} = \begin{cases} x' = 2 \\ x'' = 2 \end{cases}$$

- Estabelecer a variação de sinais de $y = -x^2 + 4x - 4$.
  Como a equação admite duas raízes reais e iguais, a regra á ser seguida é?

  $$\text{sinal de } y = \text{sinal de } A \quad 0 \quad \text{sinal de } y = \text{sinal de } A$$
  $$x' = x''$$

  Como $A < 0$, então:

  $$\text{sinal de } y \text{ é negativo} \quad 0 \quad \text{sinal de } y \text{ é negativo}$$
  $$2$$

- Como a inequação fixa $y \geq 0$, o sinal de y é positivo ou nulo, e a solução é dada por:
  $$S = \{x \in R \mid x = 2\}$$

EXERCÍCIOS PROPOSTOS

Resolver as equações:

1. $x^2 - 5x + 6 \leq 0$
2. $x^2 - 2x - 15 \geq 0$
3. $x^2 - 4x + 4 > 0$
4. $x^2 - 4x + 4 \geq 0$
5. $x^2 - 4x + 4 < 0$
6. $x^2 - 16 > 0$
7. $3x^2 < 9$
8. $x^2 - 3x > 2x - 6$
9. $x^2 < 2x - 1$
10. $-x^2 + 12x > 20$

Respostas

1. $S = \{x \in R \mid 2 \leq x \leq 3\}$
2. $S = \{x \in R \mid x \leq -3 \text{ ou } x \geq 5\}$
3. $S = \{x \in R \mid x \neq 2\}$
4. $S = R$
5. $S = \emptyset$
6. $S = \{x \in R \mid x < -4 \text{ ou } x > 4\}$
7. $S = \{x \in R \mid -\sqrt{3} < x < \sqrt{3}\}$
8. $S = \{x \in R \mid x < 2 \text{ ou } x > 3\}$
9. $S = \emptyset$
10. $S = \{x \in R \mid 2 < x < 10\}$

Exemplo de aplicação

Determinar dois números inteiros positivos, com soma 20 e com produto menor que 40.

Solução:

Indicaremos os números por x e y. Então $x + y = 20$ e $x \cdot y < 40$.

De $x + y = 20$, obtém-se: $y = 20 - x$.

Substituindo esse valor em $x \cdot y < 40$, obtém-se:

$$x(20 - x) < 40, \text{ ou}$$
$$-x^2 + 20x < 40, \text{ ou}$$
$$-x^2 + 20x - 40 < 0.$$

Resolvendo a equação $-x^2 + 20x - 40 = 0$

$A = -1, B = 20, C = -40$ e $\Delta = (20)^2 - 4(-1)(-40) = 400 - 160 = 240$.

As raízes da equação são:

$$x = \frac{-20 \pm \sqrt{240}}{-2} = \frac{-20 \pm 15{,}49}{-2} = \begin{cases} x' = 17{,}74 \\ x'' = 2{,}25 \end{cases}$$

Solução:

1 e 19 ou 2 e 18.

6.2 Aplicações

1. O perímetro de um retângulo é 100 cm. Determinar as medidas possíveis de um dos lados, sabendo-se que a área do retângulo deve ser no mínimo 500 cm².

2. O perímetro de um retângulo é 100 cm. Determinar a medida do lado menor, sabendo-se que a área do retângulo deve ser no mínimo 500 cm².

3. O espaço percorrido por um automóvel é dado pela equação $e = 60t - 2t^2$, em que t é a medida do tempo em segundo. Calcular o tempo necessário para que o automóvel percorra no mínimo 400 m.

   Respostas

1. $13{,}82 \text{ cm} \leq x \leq 36{,}18 \text{ cm}$

2. $13{,}82 \text{ cm} \leq x \leq 25 \text{ cm}$

3. $t \geq 10s$

7 SISTEMA DE EQUAÇÕES DO 1º GRAU

Algumas situações podem requerer a pesquisa não de um valor desconhecido, mas de dois desses valores. Neste caso, o modelo algébrico deve apresentar duas equações para que esses valores possam ser aferidos.

7.1 Generalidades

Um sistema é apresentado, em geral, na forma: $\begin{cases} Ax + By = C \\ Dx + Ey = F \end{cases}$

Exemplo:

$$\begin{cases} 5x + 3y = 13 \\ -4x + 9y = 1 \end{cases}$$

Solução de um sistema é um par ordenado (x,y) de números reais que satisfaz às duas equações.

Determinação de soluções

a. **Método da adição**

Resolver o sistema $\begin{cases} 5x + 3y = 13 \\ -4x + 9y = 1 \end{cases}$

Multiplicando a primeira equação por 4 e a segunda equação por 5, obtemos:

$$\begin{cases} 20x + 12y = 52 \\ -20x + 45y = 5 \end{cases}$$

Somando membro a membro as duas equações, obtemos: $57y = 57$ ou $y = \dfrac{57}{57} = 1$

Retomando o sistema original, multiplicamos a primeira equação por −3 e a segunda equação por 1, obtendo:

$$\begin{cases} -15x - 9y = -39 \\ -4x + 9y = 1 \end{cases}$$

Somando membro a membro as duas equações, obtemos: $-19x = -38$ ou $x = \dfrac{-38}{-19} = 2$

A solução de um sistema é o par ordenado (2, 1)

b. **Método da substituição**

Resolver o sistema $\begin{cases} 5x + 3y = 13 \\ -4x + 9y = 1 \end{cases}$

Da primeira equação obtemos $3y = 13 - 5x$ ou $y = \dfrac{13 - 5x}{3}$

Substituindo esse valor na outra equação, obtemos:

$$-4x + 9\left(\dfrac{13 - 5x}{3}\right) = 1 \text{ ou } -12x + 9(13 - 5x) = 3 \text{ ou}$$

$$-12x + 117 - 45x = 3 \text{ ou } -57x = -114 \text{ ou } x = \dfrac{-114}{-57} = 2$$

Na expressão $y = \dfrac{13 - 5x}{3}$, substituindo x por 2, obtemos $y = \dfrac{13 - 5(2)}{3} = 1$

A solução de um sistema é um par ordenado $(x, y) = (2, 1)$

EXERCÍCIOS PROPOSTOS

Resolver os sistemas:

1. $\begin{cases} 10x + y = 11 \\ 5x - 3y = 2 \end{cases}$

2. $\begin{cases} -x + 6y = 14 \\ 5x + 3y = 29 \end{cases}$

3. $\begin{cases} 2x - 9y = -47 \\ -x + 20y = 101 \end{cases}$

4. $\begin{cases} 10x + 3y = \dfrac{13}{2} \\ x + 5y = 3 \end{cases}$

5. $\begin{cases} \dfrac{1}{4}p + q = 6 \\ p + \dfrac{2}{5}q = 6 \end{cases}$

6. $\begin{cases} x = 4y + 1 \\ y = 2x + 1 \end{cases}$

7. $\begin{cases} -0,4x - y = 5,8 \\ x + 0,3y = -3,5 \end{cases}$

8. $\begin{cases} 2p - 3q - 1 = 0 \\ 3p + 2q - 34 = 0 \end{cases}$

9. $\begin{cases} x + y = 1 \\ 3x + 3y = 4 \end{cases}$

10. $\begin{cases} 2x + 3y = 0 \\ 3x - 2y = 0 \end{cases}$

Respostas

1. (1, 1)
2. (4, 3)
3. (−1, 5)
4. $\left(\dfrac{1}{2}, \dfrac{1}{2}\right)$
5. (4, 5)
6. $\left(\dfrac{-5}{7}, \dfrac{-3}{7}\right)$
7. (−2, −5)
8. (8, 5)
9. O sistema não tem solução
10. (0, 0)

7.2 Aplicações

Capriche na solução destes exercícios. A construção de modelos algébricos, como já foi dito, é muito importante.

1. Determinar, se existir, o ponto de cruzamento das retas dadas pelas equações:

$$y = 2x - 1 \text{ e } y = 4 - 0,5x$$

2. A quantidade de equilíbrio para um produto é a quantidade q a ser produzida e comercializada tal que o custo de produção é igual à receita das vendas. Se a equação da receita é $R = 10q$ e o custo é $C = 4q + 1.800$, qual é a quantidade de equilíbrio para esse produto?

3. O preço de equilíbrio de mercado para um produto é o preço de venda do produto que equilibra a quantidade que os produtores estão dispostos a oferecer e a quantidade que os consumidores estão dispostos a adquirir. Se a equação que dá a oferta do produtor for $q_o = 0,1p - 40$ e a equação que mede a demanda do consumidor for $q_d = 500 - 0,2p$, qual o ponto de equilíbrio desse mercado?

4. A diferença entre as idades de duas pessoas é 15 anos. Daqui a dois anos, a mais velha terá o dobro da idade da mais nova. Qual é a idade de cada uma?

5. Um sistema é indeterminado quando apresenta uma infinidade de soluções. Isso ocorre quando as duas equações expressam a mesma relação entre variáveis, o que significa que na verdade temos apenas uma equação para relacionar as variáveis. Para encontrar a solução, temos que atribuir um valor para uma variável e calcular o valor correspondente da outra variável.

Mostrar que o sistema $\begin{cases} 2x + y = 6 \\ 4x + 2y = 12 \end{cases}$ é indeterminado e encontrar as soluções do sistema para $x = 0$ e para $x = 4$.

6. Um sistema não tem solução quando apresenta como composição de suas equações uma terceira equação que não tem solução.

Mostrar que o sistema $\begin{cases} 2x + 3y = 5 \\ 4x + 6y = 12 \end{cases}$ não tem solução

Respostas

1. (2, 3)
2. 300
3. (1.800, 140)
4. 28 anos e 13 anos
5. (0, 6) e (4, −2)

8 LOGARITMO

Os logaritmos têm muitas aplicações. Aqui desenvolvemos sua capacidade de transformar uma operação de multiplicação em adição e, em consequência, a potenciação em multiplicação.

8.1 Generalidades

Conceito

Se $a \in R$, $a > 0$, $a \neq 1$ e $x \in R$, $x > 0$, então o número real y tal que $a^y = x$ é determinado logaritmo de x na base a e denotamos $y = \log_a(x)$.

Exemplos:

1. $2^3 = 8 \Leftrightarrow \log_2(8) = 3$
2. $4^2 = 16 \Leftrightarrow \log_4(16) = 2$
3. $5^0 = 1 \Leftrightarrow \log_5(1) = 0$
4. $2^{-3} = \dfrac{1}{8} \Leftrightarrow \log_2\left(\dfrac{1}{8}\right) = -3$
5. $10^3 = 1.000 \Leftrightarrow \log_{10}(1.000) = 3$

Casos especiais:

1. Se $a = 10$, dizemos que y é o logaritmo decimal de x e denotamos: $y = \log(x)$.
2. Se $a = e$ (aproximadamente 2,718281), dizemos que y é o logaritmo natural de x e denotamos $y = \ln(x)$.

Tendo em vista o desenvolvimento das calculadoras eletrônicas, passaremos a utilizar sempre a base e.

8.2 Propriedades dos logaritmos

1. $\ln(1) = 0$
2. $\ln(e) = 1$
3. $\ln(x \cdot y) = \ln(x) + \ln(y)$
4. $\ln\left(\dfrac{x}{y}\right) = \ln(x) - \ln(y)$
5. $\ln(x^\alpha) = \alpha \ln(x)$, $\alpha \in R$
6. $\log_a(x) = \dfrac{\ln(x)}{\ln(a)}$ 1

Exemplos:

1. Calcule o valor de $K = 1 + 3{,}3 \log(85)$

Solução:

Observe que log (85) está escrito na base 10. Devemos efetuar a mudança da base 10 para a base e, utilizando para isso a 6ª propriedade:

$$\log(85) = \frac{\ln(85)}{\ln(10)} = \frac{4,4427}{2,3026} = 1,9294$$

Portanto, $K = 1 + 3,3(1,9294) = 7,3671$

2. Resolva a equação: $2^x = 30$

Solução:

Observe que a dificuldade desta equação reside na presença da variável x como expoente da base 2. A 5ª propriedade de logaritmo elimina essa dificuldade. Exatamente por isso, vamos introduzir logaritmo na equação.

Se $2^x = 30$, então $\ln(2^x) = \ln(30)$.

Aplicando a 5ª propriedade, obtemos:

$$x \ln(2) = \ln(30) \quad \text{ou} \quad x = \frac{\ln(30)}{\ln(2)} = 4,9069$$

3. Resolva a equação: $4 = (x)^{0,2}$

Solução:

Observe que a dificuldade desta equação reside na presença de 0,2 como expoente da base x. A 5ª propriedade de logaritmo elimina essa dificuldade. Exatamente por isso, vamos introduzir logaritmo na equação.

Se $4 = (x)^{0,2}$, então $\ln(4) = \ln(x)^{0,2}$

Aplicando a 5ª propriedade, obtemos:

$$\ln(4) = 0,2 \ln(x) \quad \text{ou} \quad \ln(x) = \frac{\ln(4)}{0,2} = 6,93115$$

Portanto, $x = e^{6,9315} = 1.024$

4. Resolva a equação: $\log_2(x) \cdot \ln(2) = 1$

Solução:

Observe que esta equação apresenta logaritmos na base 2 e na base e. A solução fica facilitada quando todos os logaritmos estão escritos na mesma base.

Utilizando-se a 6ª propriedade dos logaritmos, escrevemos:

$$\log_2(x) = \frac{\ln(x)}{\ln(2)}$$

Substituindo este valor na equação original, obtemos:

$$\frac{\ln(x)}{\ln(2)} \ln(2) = 1 \text{ ou } \ln(x) = 1$$

Portanto, $x = e^1$ ou $x = e$

EXERCÍCIOS

Resolver as equações com o auxílio de logaritmos.

1. $25^x = 10$
2. $3^{2x} = 125$
3. $4^{3x-1} = 72{,}5$
4. $10^{5x} = 432$
5. $\log_x(2) \cdot \ln(x) + \ln(x-2) = 0$
6. $35 = (1+x)^4$
7. $42{,}74 = (1+x)^{0{,}23}$
8. $\dfrac{2^{3x+1}}{3^{2x-1}} = 5^x$
9. $7 \cdot 3^{2x+1} = 4^{3x-2}$
10. $x^{x^2-7x} = 1$

Respostas

1. $x = 0{,}7153$
2. $x = 2{,}1975$
3. $x = 1{,}3633$
4. $x = 0{,}5271$
5. $x = 2{,}5000$
6. $x = 1{,}4323$
7. $x = 12.319.265{,}78$
8. $x = 1{,}0374$
9. $x = 2{,}9654$
10. $x = 0; x = 1; x = 7$

9 CONJUNTOS

No capítulo seguinte estudaremos as funções, a parte mais importante deste texto. Uma das maneiras mais adequadas de entender esse modelo é com o uso de conjuntos. Assim, devemos apresentar um resumo da teoria dos conjuntos.

9.1 Generalidades

Formas de apresentação

a. Por seus elementos:

Exemplo:

$$A = \{a, b, c\}$$

$$a \in A, b \in A, c \in A, d \notin A, f \notin A$$

b. Por uma propriedade:

Exemplos:
1. $B = \{x \in R \mid x + 1 = 3\} \Rightarrow B = \{2\}$
2. $C = \{x \in R \mid x^2 - 5x + 6 = 0\} \Rightarrow C = \{2, 3\}$

EXERCÍCIOS PROPOSTOS

Verifique se as afirmações seguintes são verdadeiras ou falsas:

1. Se $A = \{-2, 3, 0, 5\}$, então:
   a. $3 \in A$
   b. $0 \notin A$
   c. $-2 \in A$
   d. $\dfrac{3}{5} \in A$

2. Se $B = \{x \in Z \mid x^2 - 4 = 0\}$, então:
   a. $3 \in B$
   b. $-4 \in B$
   c. $2 \in B$
   d. $-2 \notin B$

Respostas

1.
a. V
b. F
c. V
d. F

2.
a. F
b. F
c. V
d. F

9.1.1 Subconjunto

Conceito

O conjunto A está contido no conjunto B se todo elemento de A for também elemento de B.
Notação: $A \subset B$

Exemplos:

1. Se $A = \{a, b, c\}$ e $B = \{a, b, c, d, e\}$, então $A \subset B$.
2. Se $A = \{1, 2\}$ e $B = \{-1, 0, 1, 2, 3, 4\}$, então $A \subset B$.
3. Se $A = \{2, 3, 5\}$ e $B = \{5, 3, 2\}$, então $A \subset B$.
4. Se $A = \{1, 2, 3\}$ e $B = \{0, 1, 3, 4, 5\}$, então $A \not\subset B$.

EXERCÍCIOS PROPOSTOS

Verifique se as afirmações seguintes são verdadeiras ou falsas:

a. Se $A = \left\{\dfrac{1}{2}, 0, 3, 5\right\}$ e $B = \left\{\dfrac{1}{2}, 5\right\}$, então $B \subset A$.

b. Se $A = \{1, 2, 3, 4\}$ e $B = \{1, 3, 4\}$, então $A \subset B$.

c. Se $A = \{0, 3\}$ e $B = \{0, 1, 2, 3\}$, então $A \not\subset B$.

d. Se $A = \{1, 3, 5\}$ e $B = \{x \in R \mid x - 1 = 2\}$, então $B \subset A$.

Respostas

a. V
b. F
c. F
d. V

9.1.2 Igualdade

Conceito

O conjunto A é igual ao conjunto B, se A e B possuem os mesmos elementos.
Notação: $A = B$

Exemplos:

1. Se $A = \{1, 2, 3\}$ e $B = \{1, 3, 2\}$, então $A = B$.
2. Se $A = \{1, 1, 1, 2, 3\}$ e $B = \{1, 3, 2\}$, então $A = B$.
3. Se $A = \{2, 3, 5\}$ e $B = \{1, 3, 6\}$, então $A \neq B$.

9.1.3 Conjunto universo

Conceito

É o conjunto que contém todos os elementos que interessam à solução de um problema. Para facilitar, procuramos sempre trabalhar com o conjunto com essa característica e que tenha o menor número de elementos.

Por exemplo, se estamos interessados no desempenho eleitoral de um candidato a prefeito em uma cidade, o conjunto dos habitantes da cidade é um conjunto universo para a pesquisa, pois contém todos os elementos que nos interessam. Entretanto, elegemos para a pesquisa somente os eleitores da cidade. Esse será o nosso conjunto universo.

Notação: U

9.1.4 Conjunto vazio

Conceito

É o conjunto que não possui elementos.

Notação: $\emptyset$ ou { }

EXERCÍCIOS PROPOSTOS

Verifique se as afirmações seguintes são verdadeiras ou falsas:

a. Se $A = \{2, 3, 5\}$ e $B = \{2, 3, 5\}$, então $B \neq A$.
b. Se $A = \{x \in R \mid 2x + 3 = 7\}$ e $B = \{2, 5\}$, então $B = A$.
c. Se $A = \{x \in R \mid 5 - x = 7\}$ e $B = \{-2\}$, então $B = A$.
d. Se $A = \{1, 3, 5, 8\}$ e $B = \{0, 3, 5, 8\}$, então $B \neq A$.
e. Se $A = \{x \in R \mid x^2 + x + 1 = 0\}$ e $B = \{\,\}$, então $B = A$.

Respostas

a. F
b. F
c. V
d. V
e. V

9.2 Operações

Sejam A e B subconjuntos de U:

a. Reunião: $A \cup B = \{x \in U \mid x \in A \text{ ou } x \in B\}$.
b. Interseção: $A \cap B = \{x \in U \mid x \in A \text{ e } x \in B\}$.
c. Diferença: $A - B = \{x \in U \mid x \in A \text{ e } x \notin B\}$.
d. Complementação: Se $A \subset B$, então $C_B A = \{x \in U \mid x \in B \text{ e } x \notin A\}$.

Em particular, se B for o conjunto universo, então $CA = \{x \in U \mid x \notin A\}$.

Essas operações podem ser representadas geometricamente:

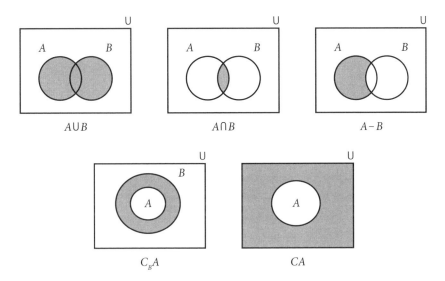

Exemplos:

1. Se $A = \{2, 3, 4, 5\}$ e $B = \{1, 2, 3, 6\}$, então:
    a. $A \cup B = \{1, 2, 3, 4, 5, 6\}$
    b. $A \cap B = \{2, 3\}$
    c. $A - B = \{4, 5\}$
    d. $B - A = \{1, 6\}$
    e. $C_B A$ não está definido, pois $A \not\subset B$

2. Se $A = \{4, 5, 8\}$ e $B = \{2, 3, 4, 5, 6, 8\}$, então:
    a. $A \cup B = \{2, 3, 4, 5, 6, 8\} = B$
    b. $A \cap B = \{4, 5, 8\} = A$
    c. $B - A = \{2, 3, 6\}$
    d. $A - B = \emptyset$
    e. $C_A B$ não está definido, pois $B \not\subset A$
    f. $C_B A = \{2, 3, 6\}$

EXERCÍCIOS PROPOSTOS

Se $U = \{-1, -2, 0, 1, 2, 3\}$, $A = \{-1, 0\}$ e $B = \{1, 2, 3\}$, determine:

a. $A \cup B$
b. $A \cap B$
c. $A \cap U$
d. $A \cap \emptyset$
e. $A - B$
f. $C_B A$
g. CA
h. CB
i. $C(A \cup B)$
j. $C(A \cap B)$
k. $A \cup U$
l. $A \cup \emptyset$

Respostas

a. $A \cup B = \{-1, 0, 1, 2, 3\}$
b. $A \cap B = \emptyset$
c. $A \cap U = \{-1, 0\}$
d. $A \cap \emptyset = \emptyset$
e. $A - B = \{-1, 0\} = A$
f. $C_B A$ não está definido, pois $A \not\subset B$
g. $CA = \{-2, -1, 2, 3\}$
h. $CB = \{-1, -2, 0\}$
i. $C(A \cup B) = \{-2\}$
j. $C(A \cap B) = \{-1, -2, 0, 1, 2, 3\}$
k. $A \cup U = \{-1, -2, 0, 1, 2, 3\}$
l. $A \cup \emptyset = \{-1, 0\}$

9.3 Subconjuntos da reta

O conjunto dos números reais pode ser representado graficamente por meio de uma reta.

Os subconjuntos mais usuais da reta são:

1. Intervalo real fechado: $[a, b] = \{x \in R \mid a \leq x \leq b\}$

Exemplo:

$$[2, 5] = \{x \in R \mid 2 \leq x \leq 5\}$$

2. Intervalo real semiaberto à direita: $[a, b[= \{x \in R \mid a \leq x < b\}$

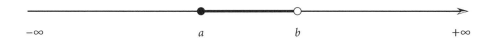

Exemplo:

$$[2, 5[= \{x \in R \mid 2 \leq x < 5\}$$

3. Intervalo semiaberto à esquerda: $]a, b] = \{x \in R \mid a < x \leq b\}$

Exemplo:

$$]2, 5] = \{x \in R \mid 2 < x \leq 5\}$$

4. Intervalo real aberto: $]a,b[= \{x \in R \mid a < x < b\}$

Exemplo:

$$]2,5[= \{x \in R \mid 2 < x < 5\}$$

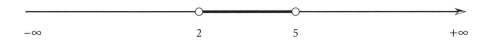

EXERCÍCIOS PROPOSTOS

Verifique se são verdadeiras ou falsas as seguintes afirmações:

a. $3 \in [1, 10]$
b. $2 \in [2, 5]$
c. $5 \in [0, 5[$
d. $3 \notin [-6, 4]$
e. $0{,}4 \in [-2, 6]$
f. $1{,}25 \notin [-1, 0[$
g. $-1 \in \,]-0{,}9; 0[$
h. $0 \in \,]-1, 1[$
i. $-0{,}01 \notin [-0{,}11; 0]$
j. $5 \in \,]-5, 5[$

Respostas

a. V
b. V
c. F
d. F
e. V
f. V
g. F
h. V
i. F
j. F

FUNÇÕES 1

Suponha que você tenha um arame de 65 cm de comprimento e quer, com ele, construir um retângulo. Se você escolhe um lado de 5 cm, o lado oposto também terá 5 cm, restando do arame 55 cm para os outros dois lados que terão, cada um, metade dos 55 cm, ou seja, 27,5 cm cada um. Da mesma forma, se você escolhe um lado de 10 cm, resta 45 cm para os outros dois lados que terão, então, 22,5 cm cada um. Cada retângulo construído tem área calculada pelo produto dos dois lados diferentes. A tabela mostra, a partir de um valor escolhido para um lado, o valor do outro lado e a área correspondente do retângulo.

Valor escolhido	Outro lado	Área do retângulo
5	27,5	5 x 27,5 = 137,5
10	22,5	10 x 22,5 = 225
13	19,5	13 x 19,5 = 253,5
20	12,5	20 x 12,5 = 250
24	8,5	24 x 8,5 = 204

5 cm

Fica claro que a área do retângulo que você constrói a partir do arame de 65 cm, depende do tamanho que você escolhe para um dos lados. Para cada tamanho escolhido, teremos uma área e dizemos, então, que a área obtida é função do tamanho escolhido para um dos lados.

1 CONCEITOS E EXEMPLOS

Vamos considerar dois conjuntos numéricos A e B não vazios e construir um conjunto de pares de números, escolhendo o primeiro número do par do conjunto A e o segundo número do par do conjunto B.

Esse conjunto de pares de números é uma função se para cada elemento do conjunto A estiver associado somente um elemento do conjunto B.

Situação 1

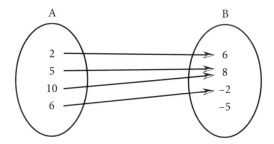

Os pares (2, 6), (5, 8), (10, 8), (6, –2) constituem uma função.

Situação 2

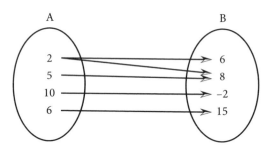

Os pares (2, 6), (5, 8), (2,8), (10, –2), (6, 15) não constituem uma função pelo fato de o elemento 2 do conjunto A estar associado a dois elementos do conjunto B.

O conjunto A, que fornece o primeiro elemento de cada par, é denominado domínio da função.

O conjunto B que fornece o segundo elemento de cada par é denominado contra domínio da função.

O conjunto dos elementos de B que estão relacionados nos pares é denominado conjunto imagem da função.

Na situação 1, o contradomínio da função é o conjunto B = {6, 8, –2, –5} e o conjunto imagem é o conjunto I = {6, 8, –2}.

Chamando genericamente de *x* os elementos do conjunto A (domínio) e de *y* os elementos do conjunto B, dizemos que *y* é função de *x*, ou imagem de *x* pela função *f*.

Notação: $y = f(x)$.

Exemplo 1:

Verificar se o conjunto de pares constitui uma função. Se a resposta for afirmativa, determine o domínio e o conjunto imagem da função.

{(3, 5), (2, 4), (5, 8), (6, 12), (7, 12), (8, 15)}

Solução:

Esse conjunto de pares é uma função, pois cada elemento do primeiro conjunto aparece apenas uma vez e tem, portanto, apenas uma imagem.

O domínio é: A = {3, 2, 5, 6, 7, 8}

O conjunto imagem é: B = {5, 4, 8, 12, 15}

Exemplo 2:

{(2, 10), (3, 8), (5, 13), (3, 4), (8, 20)}

Solução:

Esse conjunto de pares não é uma função, pois o elemento 3 ∈ A aparece duas vezes, apresentando duas imagens, a saber: 8 e 4.

Exemplo 3:

{(5, 4), (6, 4), (10, 4), (15, 4)}

Solução:

Esse conjunto de pares é uma função, pois cada elemento do primeiro conjunto aparece apenas uma vez e tem, portanto, apenas uma imagem.

O domínio é: A = {5, 6, 10, 15}

O conjunto imagem é: B = {4}

EXERCÍCIOS PROPOSTOS

Verificar se o conjunto de pares constitui uma função. Se a resposta for afirmativa, determine o domínio e o conjunto imagem da função.

1. {(2, 3), (−1, 2), (12, 5), (8, 5)}
2. {(−1, 5), (0, 6), (6, 4), (4, 6)}
3. {(0, 0), (−2, 4), (0, 3), (3, 5), (6, 6)}
4. {(−2, −2), (2, 2), (0, 0), (3, −3), (−3, 3)}
5. $\left\{ \left(\dfrac{1}{2}, 4\right), (3, 8), (0,5; 5), (2, 9) \right\}$
6. $\left\{ (0, -1), \left(\dfrac{1}{3}, 5\right), (0,3; 8), (4, 9) \right\}$

Respostas

1. Sim. Domínio A = {2, −1, 12, 8}
   Conjunto imagem B = {3, 2, 5}
2. Sim. Domínio A = {−1, 0, 6, 4}
   Conjunto imagem B = {5, 6, 4}
3. Não.
4. Sim. Domínio A = {−2, 2, 0, 3, −3}
   Conjunto imagem B = {−2, 2, 0, −3, 3}
5. Não.
6. Sim. Domínio A = $\left\{0, \dfrac{1}{3}, 0, 3, 4\right\}$
   Conjunto imagem B = {−1, 5, 8, 9}

2 CONSTRUÇÃO DOS PARES COM O AUXÍLIO DE UMA REGRA

Do que foi exposto no conceito de função deve ter ficado claro que:

a. função é um conjunto de pares de números;

b. o primeiro elemento de cada par aparece apenas uma vez, e em consequência, tem apenas uma imagem.

O problema desse tipo de apresentação funcional é que, geralmente, o conjunto A (domínio) tem uma infinidade de elementos, o que inviabiliza a apresentação de todos os pares da função.

Por exemplo, se A = {1, 2, 3, 4, ...}, o conjunto dos pares (x, y) com $x \in A$ e $y = 2x$ é uma função da qual não podemos escrever todos os pares.

Nesse caso, para definirmos uma função, devemos:

a. identificar todos os números que compõem o domínio da função;

b. mostrar como encontrar a imagem de cada elemento do domínio, isto é, estabelecer uma regra ou uma lei que nos permita identificar a imagem de cada elemento do conjunto A.

Exemplo 1:

A função f é dada pela regra: $y = 2x$, com domínio A = $\{x \in R \mid 0 \leq x \leq 20\}$. Dessa forma:

(3, 6) é um elemento de f, pois $3 \in [0, 20]$ e $6 = 2(3)$;

(12, 24) é um elemento de f, pois $12 \in [0, 20]$ e $24 = 2(12)$;

(6, 10) não é um elemento de f, pois $10 \neq 2(6)$;

(21, 5) não é um elemento de f, pois $21 \notin [0, 20]$.

Exemplo 2:

A função f é dada pela regra $y = x^2 + 10$, com domínio A = Z (x é um número inteiro relativo). Dessa forma:

(3, 19) é um elemento de f, pois $3 \in Z$ e $19 = 3^2 + 10$;

(0, 10) é um elemento de f, pois $0 \in Z$ e $10 = 0^2 + 10$;

(−3, 19) é um elemento de f, pois $−3 \in Z$ e $19 = (−3)^2 + 10$;

$\left(\dfrac{1}{2}; 10{,}25\right)$ não é um elemento de f, pois $\dfrac{1}{2} \notin Z$;

(4, 20) não é um elemento de f, pois $20 \neq 4^2 + 10$.

Exemplo 3:

A função f é dada pela regra $y = \dfrac{100}{x}$, com domínio $A = \{x \in R \mid x \geq 5\}$

Dessa forma:

(10, 10) é um elemento de f, pois $10 \geq 5$ e $10 = \dfrac{100}{10}$;

(50, 2) é um elemento de f, pois $50 \geq 5$ e $2 = \dfrac{100}{50}$;

(2, 50) não é um elemento de f, pois $2 < 5$;

(20, 40) não é um elemento da função f, pois $40 \neq \dfrac{100}{20}$.

Exemplo 4:

A função f é dada pela regra $y = 3x + 4$, com domínio $A = R$.

Dessa forma:

(1, 7) é um elemento de f, pois $7 = 3(1) + 4$;

(6, 22) é um elemento de f, pois $22 = 3(6) + 4$;

(5, 20) não é um elemento de f, pois $20 \neq 3(5) + 4$;

Exemplo 5:

A função f é dada pela regra $y = \dfrac{100}{x - 5}$, com domínio $A = \{x \in R \mid x \neq 5\}$.

Dessa forma:

(15, 10) é um elemento de f, pois $10 = \dfrac{100}{15 - 5}$;

(−20, −4) é um elemento de f, pois $-4 = \dfrac{100}{(-20) - 5}$;

(25, 12) não é um elemento de f, pois $12 \neq \dfrac{100}{25 - 5}$;

(5, 8) não é um elemento de f, pois 5 não pertence ao domínio de f.

Para que x tenha imagem, é necessário que $x - 5 \neq 0$ ou $x \neq 5$.

Exemplo 6:

A função f é dada pela regra $y = \sqrt{x^2 - 9}$, com domínio $A = \{x \in R \mid x \leq -3 \text{ ou } x \geq 3\}$.

Dessa forma:

(3, 0) é um elemento de f, pois $0 = \sqrt{3^2 - 9}$;

(5, 4) é um elemento de f, pois $4 = \sqrt{5^2 - 9}$;

(8, 10) não é um elemento de f, pois $10 \neq \sqrt{8^2 - 9}$;

(2,2) não é um elemento da função f, pois 2 não pertence ao domínio de f.

Para que x tenha imagem é necessário que $x^2 - 9 \geq 0$ ou que o domínio da função seja $A = \{x \in R \mid x \leq -3 \text{ ou } x \geq 3\}$.

Exemplo 7:

Como foi visto na tabela do início do capítulo (p. 57), a área do retângulo construído a partir de um arame de 65 cm varia de acordo com o tamanho escolhido para um dos lados. A área é função deste valor escolhido. Vamos chamar este valor escolhido de x. Então, o retângulo terá dois lados de medida x. Restará do arame $65 - 2x$ para os outros dois lados que terão, cada um, metade disso, ou seja, $32,5 - x$ (confira na tabela). A área do retângulo de lados x e $32,5 - x$ é:

Área = $(32,5 - x).x$, ou efetuando as operações indicadas Área = $32,5x - x^2$ (você pode conferir esse resultado também na tabela).

Esta expressão Área = $32,5x - x^2$ é o modelo que descreve a área do retângulo de perímetro 65 cm, em função do tamanho escolhido x para um dos lados. É, como veremos adiante, uma função quadrática. O material desenvolvido neste capítulo deve servir de base para que você adquira a habilidade para construir modelos como este.

Observações:

Em algumas situações uma função pode ser dada apenas pela regra. Neste caso, o domínio será o conjunto de todos os números reais para os quais faça sentido o cálculo da imagem pela regra.

No exemplo 5, para que x tenha imagem é necessário que $x - 5 \neq 0$ ou $x \neq 5$.

No exemplo 6, para que x tenha imagem é necessário que $x^2 - 9 \geq 0$ ou $x \leq -3$ ou $x \geq 3$.

EXERCÍCIOS PROPOSTOS

Estabelecer as condições para que x tenha imagem nas funções dadas pelas regras:

1. $x \in [0, 5]$ e $y = 1 + x^2$
2. $y = x^2 + 3x + 1$
3. $y = \sqrt{2x - 5}$
4. $y = \dfrac{4}{5 - x}$
5. $y = ln(6x + 10)$
6. $y = \dfrac{x^3}{3} + 2$

7. $y = \sqrt{4 - 3x}$

8. $y = \dfrac{3}{4}x - 10$

9. $y = \sqrt{x^2 - 10x + 21}$

Nos exercícios seguintes, as variáveis representam elementos econômicos, e devem obedecer as restrições desses elementos. Por exemplo, preços são variáveis positivas, não faz sentido quantidades negativas etc.

10. $y = -2x + 10$, onde y representa o preço unitário de venda de um bem e x a quantidade comercializada.

11. $y = x^2$, onde y representa a área de um quadrado de lado x.

12. $y = 10x$, onde y representa a receita obtida com a venda de x kg de um produto cujo preço unitário é R$ 10,00. O mercado consome no máximo 20.000 kg desse produto.

13. $y = 0,3x + 15$, onde y representa o custo total de produção em uma empresa e x representa a quantidade de parafusos produzida, sabendo-se que a produção máxima dessa empresa é 30.000 unidades.

14. $y = 4x + 10$, onde x representa o número de pessoas em uma fila de espera e y representa o número de operações executadas pelo atendente.

Respostas

1. $x \in [0, 5]$
2. $x \in R$
3. $\left\{ x \in R \mid x \geqslant \dfrac{5}{2} \right\}$
4. $\{x \in R \mid x \neq 5\}$
5. $\left\{ x \in R \mid x > \dfrac{-5}{3} \right\}$
6. $x \in R$
7. $\left\{ x \in R \mid x \leq \dfrac{4}{3} \right\}$
8. $x \in R$
9. $\{x \in R \mid x \leq 3 \text{ ou } x \geq 7\}$
10. $\{x \in R \mid 0 < x < 5\}$
11. $\{x \in R \mid x > 0\}$
12. $\{x \in R \mid 0 \leq x \leq 20.000\}$
13. $\{x \in Z \mid 0 \leq x \leq 30.000\}$
14. $x \in \{0, 1, 2, 3, ...\}$

3 REPRESENTAÇÃO GRÁFICA DE FUNÇÕES

Além da representação por pares de números ou por uma regra construída algebricamente, uma função pode ser examinada com o auxílio de uma figura, a sua representação gráfica. Muitas vezes, o aspecto desta figura já traz informações importantes sobre o comportamento dos pares de números da função.

Podemos associar a cada par que compõe a função um ponto em um sistema de eixos coordenados. O sistema mais comum é composto por um eixo horizontal e um eixo vertical que se cruzam na origem.

O primeiro elemento do par é associado a um ponto no eixo horizontal e o segundo elemento é associado a um ponto no eixo vertical.

O encontro das paralelas aos eixos por esses pontos define a representação gráfica do par funcional.

A representação gráfica do par (3, 2) é:

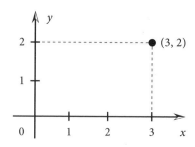

Exemplo 1:

Construir a representação gráfica das funções:

$f = \{(0, 3), (1, 2), (4, 5)\}$

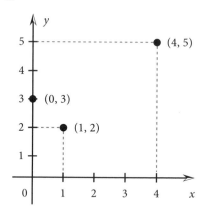

Exemplo 2:

$y = x + 2$, para $x \in [-1, 4]$

Nesse caso, o domínio da função tem uma infinidade de pontos. Vamos representar alguns deles.

x	−1	0	1	4
$y = x + 2$	1	2	3	6

Representando esses pontos e interligando-os, obtemos uma visão do gráfico da função.

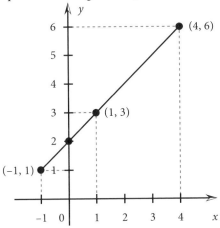

Exemplo 3:

$y = x^2 - 4$, para $x \geq 0$

Como no caso anterior, vamos escolher alguns pontos do domínio, construir e representar os pares dados pela tabela, o que nos permitirá obter um esboço do gráfico da função.

x	0	1	2	3	4	5	6
$y = x^2 - 4$	−4	−3	0	5	12	21	32

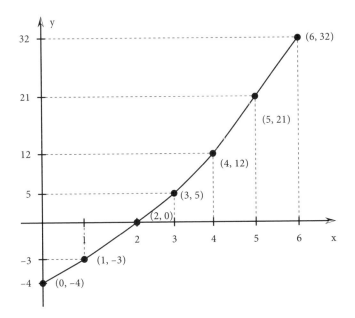

Exemplo 4:

$y = \ln(x)$, com $x > 0$.

Como o domínio tem uma infinidade de pontos, vamos representar alguns deles (use uma calculadora).

x	3	4	5	6	7
$y = \ln(x)$	1,10	1,39	1,61	1,79	1,95

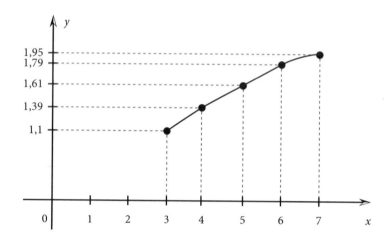

EXERCÍCIOS PROPOSTOS

Construir a representação gráfica das funções:

1. $f = \{(1, 1), (2, 1), (3, 1), (4, 1)\}$
2. $y = x + 3$, para $x \in [0, 4]$
3. $y = 2x - 5$, para $x \in [-2, 5]$
4. $y = x^2 - 5$, para $x \leq 3$
5. $y = 10$, para $x \in [-2, 4]$
6. $y = x^2$, para $x \geq 2$
7. $y = \dfrac{20}{x}$, para $x \geq 2$
8. $y = \dfrac{1}{x+1}$, para $x \in [0, 10]$

4 APRESENTAÇÃO DE ALGUMAS FUNÇÕES IMPORTANTES

4.1 Generalidades

As funções têm uso difundido em todas as Ciências, como modelos de fenômenos naturais.

Por exemplo, se um reservatório cheio de água possui uma torneira na base, podemos estar interessados em descrever como se comporta a altura da coluna de água do reservatório, quando abrimos a torneira.

Suponha que a altura inicial da coluna de água seja 100 cm.

Devemos esperar que, à medida que o tempo passe, a altura da coluna de água diminua, devido à vazão.

Por outro lado, a velocidade com que a coluna de água diminui é cada vez menor, devido à diminuição da vazão em consequência da diminuição da pressão da água.

A altura da coluna de água é função do tempo (varia com o tempo) e seu gráfico tem o aspecto seguinte:

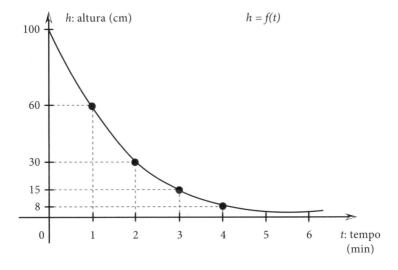

A altura diminui cada vez mais lentamente.

Algumas funções descrevem com boa precisão fenômenos comuns, como o caso do escoamento do reservatório, e se tornam ferramentas uteis na experimentação para o conhecimento de aspectos importantes desses fenômenos.

4.2 Função linear

Função linear, por sua simplicidade, é bastante usada como modelo de situações menos complexas. Além disso, modelos mais complexos representados por funções não lineares podem receber o mesmo tratamento, já que, em uma série de casos, as funções podem ser linearizadas com o auxílio de logaritmos e outros recursos. Assim, as conclusões do modelo linear podem ser transportadas para o modelo original.

É a função definida em R e dada pela regra $y = Ax + B$, em que A e B são números reais.

O gráfico de uma função linear é uma reta, pois ela tem variação constante, dada pelo valor de A.

Exemplo 1:

$y = 2x + 3, x \in R$

x	0	1	2	3	4
$y = 2x + 3$	3	5	7	9	11

Cada unidade acrescida à variável x provoca um aumento de duas unidades na variável y ($A = 2$).

Graficamente, teremos:

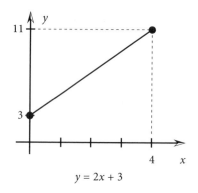

$y = 2x + 3$

Exemplo 2:

$y = -5x + 10, x \in R$

x	0	1	2	3	4
$y = -5x + 10$	10	5	0	−5	−10

Cada unidade acrescida à variável x provoca uma diminuição de cinco unidades na variável y ($A = -5$).

Graficamente, teremos:

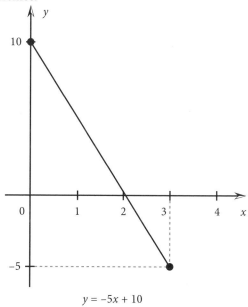

$y = -5x + 10$

Observe, nos gráficos anteriores, que o número real B indica o ponto em que a reta intercepta o eixo y.

Sempre que fizermos $x = 0$ na equação $y = Ax + B$, obteremos $y = B$.

4.3 Casos particulares da função linear

a. **$A = 0$**

Com $A = 0$, a equação $y = Ax + B$ fica reduzida a $y = B$.

A função dada por $y = B$ recebe o nome de função constante, uma vez que o valor de y nao varia com o aumento de x.

Exemplo 3:

$y = 6, x \in R$

x	0	1	2	3
$y = 6$	6	6	6	6

O gráfico é uma reta horizontal com altura 6.

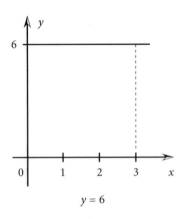
$y = 6$

b. **B = 0**

Se $B = 0$, a equação $y = Ax + B$ fica reduzida a $y = Ax$. Seu gráfico é uma reta pela origem. De fato, se fizermos $x = 0$ em $y = Ax$, obteremos $y = 0$. Portanto, $(0, 0)$ é um ponto da reta.

Exemplo 4:

$y = 3x, x \in R$

x	0	1	2	3
$y = 3x$	0	3	6	9

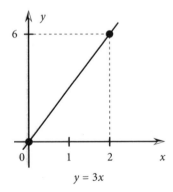
$y = 3x$

EXERCÍCIOS PROPOSTOS

Representar graficamente as funções:

1. $y = 2x$, para $x \in \{1, 2, 3, 4, 5, 6, 7, 8, 9, 10\}$
2. $y = 2x$, para $x \in [1, 10]$
3. $y = 2x$, para $x > 0$
4. $y = 5$, para $x > 3$
5. $y = 2x + 1$, para $x < 5$
6. $y = 10 - 2x$, para $x \geq 0$
7. $y = 10 - 2x$, para $x \geq 0, y \geq 0$
8. $y = \dfrac{5-x}{2}$, para $x \geq 0, y \geq 0$
9. $y = 2x - 3$, $x \in \mathbb{R}$
10. $y = \dfrac{5}{2}x + 3$, $x \in \mathbb{R}$

4.4 Problemas envolvendo a função linear

1. Conhecida a função pela regra, construir seu gráfico.

Exemplo:

Construir o gráfico da função dada por $y = 4x - 8$, para $x \in \mathbb{R}$.

Solução:

Como o gráfico da função linear é uma reta, bastam dois pontos para determiná-la.

x	0	5
$y = 4x - 8$	-8	12

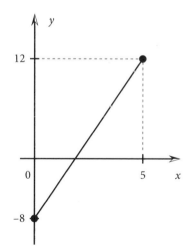

2. Conhecido o gráfico da função linear (dois pontos), determinar a regra que a define.

Exemplo:

Determine a regra que define a função linear cujo gráfico é a reta pelos pontos: $P = (2, 5)$ e $Q = (4, 9)$

Solução:

A equação procurada é $y = Ax + B$. Devemos identificar os valores A e B.

A reta contém o ponto $(2, 5)$, isto é, quando $x = 2$, $y = 5$. Substituindo esses valores na equação, obtemos: $5 = 2A + B$.

A reta contém o ponto $(4, 9)$, isto é, quando $x = 4$, $y = 9$. Substituindo esses valores na equação obtemos: $9 = 4A + B$.

Resolvendo o sistema $\begin{cases} 2A + B = 5 \\ 4A + B = 9 \end{cases}$ obtém-se: $A = 2$ e $B = 1$.

Substituindo esses valores na equação $y = Ax + B$, obtemos: $y = 2x + 1$

EXERCÍCIOS PROPOSTOS

Construir a equação da reta determinada pelos pontos:

1. $P = (1, 2)$ e $Q = (3, 8)$
2. $P = (0, 4)$ e $Q = (3, 5)$
3. $P = (-1, 0)$ e $Q = (3, 4)$
4. $P = \left(\dfrac{1}{2}, 4\right)$ e $Q = (2, -1)$
5. $P = (-3, -5)$ e $Q = (-1, 0)$
6. $P = (0, 2; 1)$ e $Q = (-0, 2; 1)$
7. $P = (-1, 1)$ e $Q = (0, 0)$
8. $P = (0, 0)$ e $Q = (3, 5)$
9. $P = (4, 4)$ e $Q = (5, 5)$
10. $P = (-3, 1)$ e $Q = (-3, 2)$

Respostas

1. $y = 3x - 1$
2. $y = \dfrac{1}{3}x + 4$
3. $y = x + 1$
4. $y = -\dfrac{10}{3}x + \dfrac{17}{3}$
5. $y = 2{,}5x + 2{,}5$
6. $y = 1$
7. $y = -x$
8. $y = \dfrac{5}{3}x$
9. $y = x$
10. O sistema não tem solução. Trata-se de uma reta vertical, o que não define uma função.

3. **Determinar o ponto de interseção das retas:**

$y = -2x + 5$ e $y = x - 1$

Solução:

O ponto de interseção das retas fornece o mesmo valor de x e o mesmo valor de y para ambas as equações, sendo, portanto, a solução do sistema:

$$\begin{cases} y = -2x + 5 \\ y = x - 1 \end{cases}$$

Resolvendo esse sistema, obtemos: $x = 2$ e $y = 1$

O ponto de interseção das retas é $P = (2, 1)$

EXERCÍCIOS PROPOSTOS

Calcular o ponto de interseção das retas:

1. $y = x$ e $y = 10 - x$
2. $y = 2x - 1$ e $y = 3x - 1$
3. $y = -x$ e $y = 3x + 4$
4. $y = 10x - 10$ e $y = 2x + 5$
5. $y = 3x - 1$ e $y = 3x + 5$
6. $y = 0,5x + 1$ e $y = x - 1$
7. $y = 0,25x + 10$ e $y = 50 - 0,15x$
8. $y = 1 - x$ e $y = x - 1$
9. $y = \dfrac{1}{3}x + 4$ e $y = \dfrac{1}{5}x + 1$
10. $y = 6 - 4x$ e $y = 10 - 4x$

Respostas

1. $P = (5, 5)$
2. $P = (0, -1)$
3. $P = (-1, 1)$
4. $P = (1,875; 8,750)$
5. O sistema não tem solução. As retas são paralelas.
6. $P = (4, 3)$
7. $P = (100, 35)$
8. $P = (1, 0)$
9. $P = (-22,5; -3,5)$
10. As retas são paralelas ($A = -4$). Não têm ponto de interseção.

4. Regressão linear

Uma aplicação muito comum envolvendo a função linear é aproximar um conjunto de pontos por uma reta. Suponha que em uma empresa anotemos semanalmente a quantidade vendida de um produto.

Semana	x	1	2	3	4	5
Quantidade vendida	y	20	24	30	32	40

O gráfico dos valores observados é, então:

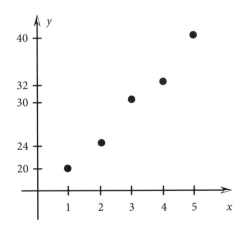

Os pontos não pertencem à mesma reta, porém, podemos passar uma reta entre os pontos para observar o crescimento das vendas e prever o que deverá ocorrer na próxima semana, isto é; fazer uma estimativa das vendas para a próxima semana.

A reta $y = Ax + B$ que melhor aproxima esse conjunto de pontos é chamada de reta de regressão. Os valores de A e B são dados pelas expressões:

$$A = \frac{\sum xy - n\,\bar{x}\,\bar{y}}{\sum x^2 - n(\bar{x})^2}$$

$$B = \bar{y} - A\bar{x}$$

em que:

Σxy: é a soma dos produtos de x pelo y correspondente.

n: é o número de observações.

$\bar{x}$: é a média aritmética dos valores x, ou seja, a divisão da soma dos valores x pelo número de observações.

$\bar{y}$: é a média aritmética dos valores y, ou seja, a divisão da soma dos valores y pelo número de observações.

Σx^2: é a soma dos quadrados dos valores de x observados.

A colocação dos dados em uma tabela, como a que mostramos a seguir, organiza os cálculos.

x	y	$x \cdot y$	x^2
x_1	y_1	$x_1 \cdot y_1$	x_1^2
x_2	y_2	$x_2 \cdot y_2$	x_2^2
x_3	y_3	$x_3 \cdot y_3$	x_3^2
x_4	y_4	$x_4 \cdot y_4$	x_4^2
...	...	...	...
Σx	Σy	$\Sigma(x \cdot y)$	Σx^2

$$\bar{x} = \frac{\Sigma x}{n} \qquad \bar{y} = \frac{\Sigma y}{n}$$

Para o caso das vendas anotadas, teríamos:

x semanas	y semanas	$x \cdot y$	x^2
1	20	20	1
2	24	48	4
3	30	90	9
4	32	128	16
5	40	200	25
$\Sigma x = 15$	$\Sigma y = 146$	$\Sigma(x \cdot y) = 486$	$\Sigma x^2 = 55$

O número de observações é $n = 5$.

$$\bar{x} = \frac{\Sigma x}{n} = \frac{15}{5} = 3$$

$$\bar{y} = \frac{\Sigma y}{n} = \frac{146}{5} = 29,20$$

$\Sigma xy = 486$
$\Sigma x^2 = 55$

Substituindo esses valores na fórmula de A e B, obtém-se:

$$A = \frac{486 - (5) \cdot (3) \cdot (29,2)}{55 - (5) \cdot (3)^2} = \frac{48}{10} = 4,8$$

$B = 29,2 - (4,8) \cdot (3) = 14,80$

A reta de regressão é, portanto, $y = 4{,}80x + 14{,}80$

A projeção para a próxima semana será obtida fazendo-se $x = 6$. Obteremos:

$y = 4{,}80 \cdot (6) + 14{,}80 = 43{,}60$

Observação:

Uso da calculadora HP 12-C para o cálculo de regressão.

Os cálculos anteriores podem ser realizados rapidamente com a utilização da calculadora HP 12-C, obedecendo-se para isso a seguinte sequência:

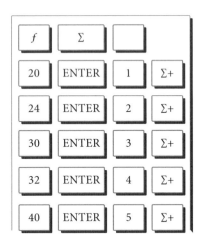

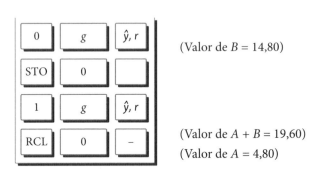

Projeção para a próxima semana: ($x = 6$)

EXERCÍCIOS PROPOSTOS

1. Calcular a equação da reta que melhor aproxima o conjunto de pontos:

   1.1 $P_1 = (0, 0); P_2 = (2, 5); P_3 = (3, 8); P_4 = (4, 9)$

   1.2 $P_1 = (-1, 0); P_2 = (0, 2); P_3 = (1, 3); P_4 = (2, 6); P_5 = (3, 5)$

   1.3 $P_1 = (0, 20); P_2 = (2, 12); P_3 = (4, 7); P_4 = (6, 3); P_5 = (8, 0,5)$

   1.4 $P_1 = (1, 20); P_2 = (2, 12); P_3 = (10, 70); P_4 = (15, 90)$

   1.5 $P_1 = (1, 5); P_2 = (2, 10); P_3 = (4, 12); P_4 = (5, 17)$

2. Suponha que a tabela mostre o custo de produção de um bem para vários níveis da quantidade produzida:

x = quantidade produzida	100	120	150	170	200
y = custo correspondente	1.500	1.800	2.100	2.300	2.400

   a. Calcular a reta que melhor aproxima o conjunto de pontos anotados.

   b. Qual é a estimativa de custo para 250 unidades?

   c. Qual é a estimativa de custo para 200 unidades?

3. Um produto foi vendido em várias ocasiões por vários preços, resultando num total de vendas como o apresentado na tabela:

x = preço de venda	10	10,50	11,00	12,00	14,00	15,00
y = quantidade vendida	2.000	1.800	1.500	1.400	1.300	1.100

   a. Determinar a reta que melhor aproxima o conjunto de pontos anotados.

   b. Qual é a previsão de vendas para o preço de R$ 13,00?

   c. Qual é a previsão de vendas para o preço de R$ 11,50?

4. Um instituto de pesquisa está verificando como um cereal reage a vários níveis de adubação. Foram experimentados cinco níveis e anotados os rendimentos do cereal em cada caso:

x = nível de adubo em g/m^2	5	10	15	20	25
y = rendimento em g/m^2	20	30	34	38	39

   a. Determinar a reta que melhor aproxima o conjunto de pontos anotados.

   b. Qual é a previsão de rendimento para 12 g/m^2?

   c. Qual é a previsão de rendimento para 8 g/m^2?

Respostas

1. 1.1 $y = 2,34x + 0,23$
   1.2 $y = 1,40x + 1,80$
   1.3 $y = -2,40x + 18,10$
   1.4 $y = 5,6x + 8,82$
   1.5 $y = 2,60x + 3,20$
2. a. $y = 9,11x + 671,97$
   b. R$ 2.949,47
   c. R$ 2.493,97
3. a. $y = -151,34x + 3.345,36$
   b. 1.378
   c. 1.605
4. a. $y = 0,92x + 18,40$
   b. 29,44
   c. 25,76

4.5 Aplicações – construção de modelos lineares

Exemplo 1:

Um ciclista caminha diretamente para seu objetivo, que dista 3.000 m do local onde se encontra agora. A velocidade da bicicleta é de 6 m/s em regime constante.

a. Qual é o modelo linear que descreve a distância do ciclista ao objetivo em função do tempo, marcado a partir do momento em que a distância era de 3.000 m?

b. Qual é o domínio da variável tempo?

Solução:

a. A cada segundo contado a partir de $t = 0$, quando a distância era de 3.000 m, a distância diminui 6 m.

Portanto:

Distância inicial: 3.000 m

Diminuição por segundo: 6 m

Total diminuído em t segundos: $6t$

Distância após t segundos: $3.000 - 6 \cdot t$

O modelo é, portanto: $D = 3.000 - 6t$

b. Quando a distância for zero, encerra-se o experimento.

Então: $D = 0 \Rightarrow 3.000 - 6t = 0$

ou $t = 500$ s

O domínio da função é dado por: $0 \le t \le 500$, isto é, o tempo é contado de 0 a 500 segundos.

Exemplo 2:

Um comerciante compra 100 unidades de um produto por R$ 20,00 a unidade. Acrescenta 50% ao custo e passa a vender o produto para seus clientes.

Construir um modelo linear que descreva:

a. A receita do comerciante em função das unidades vendidas do produto;

b. O lucro do comerciante em função das unidades vendidas;

c. O domínio da variável quantidade, nesse caso.

Solução:
a. Cálculo do preço de venda:

Custo por unidade: R$ 20,00.

Acréscimo: 50% × R$ 20,00 = R$ 10,00

Preço de venda: R$ 20,00 + R$ 10,00 = R$ 30,00

A receita por unidade vendida é R$ 30,00 e, portanto, para q unidades devemos ter $R = 30 \times q$.

b. O lucro por unidade vendida corresponde ao acréscimo de 50%, ou seja, R$ 10,00.

O lucro para q unidades vendidas será, portanto: $L = 10 \cdot q$.

c. A quantidade pode variar de 0 a 100 unidades, pois é a disponibilidade do comerciante para venda do produto.

Exemplo 3:

Uma máquina de bordar tem 12 cabeças, isto é, é capaz de bordar um desenho em 12 camisetas ao mesmo tempo.

A máquina é comandada por um computador. O operador demora 30 minutos para inicializar a máquina (ligar a máquina, ligar o computador, carregar o programa etc.). A cada 10 minutos a máquina completa uma operação com os 12 desenhos.

a. Descrever a produção de peças desenhadas pela máquina a partir das 8 horas da manhã, até as 12 horas, em função do tempo.

b. Qual o domínio da variável tempo?

c. Qual é a quantidade de bordados produzidos até as 11 horas?

Solução:
a. Começando a contar o tempo, a partir das 8 horas, a cada 10 minutos a máquina produz 12 bordados.

Para t minutos após as 8 horas temos:

$t - 30$: tempo de operação da máquina

$\dfrac{t-30}{10}$: número de operações da máquina

$\left(\dfrac{t-30}{10}\right) \times 12$: número de bordados produzidos no tempo t

Chamando Q a quantidade de bordados produzidos num tempo t teremos:

$Q = \left(\dfrac{t-30}{10}\right) \times 12$ ou

$Q = \dfrac{12t - 360}{10}$ ou

$Q = 1,2t - 36$

b. Como a produção começa às 8 horas e 30 minutos, quando $t = 30$ min, e vai até as 12 horas, quando $t = 240$ min, então o intervalo que faz sentido para o cálculo da quantidade produzida, isto é, $30 \leq: t \leq: 240$.

c. Das 8 horas às 11 horas temos 3 horas ou 180 minutos. Substituindo esse valor na equação de produção, obtém-se:

$Q = 1,2\,(180) - 36 = 180$ bordados

De fato, o tempo de operação da máquina é de 2 horas e 30 minutos ou 150 minutos.

O número de operações da máquina é: $\dfrac{150}{10} = 15$.

Portanto, o número de bordados executados nessas 15 operações é: $15 \times 12 = 180$.

EXERCÍCIOS PROPOSTOS

Faça uma leitura atenta das informações colocadas em cada exercício. Procure identificar qual é a variável descrita a partir da outra variável. Essa última é também chamada variável de controle (você é que atribui valores a ela).

1. Um grupo tem 50 pessoas. Um coordenador que não faz parte do grupo escolhe uma delas e propõe uma pergunta. Se a pessoa acertar a resposta, pode ir para casa, e tem o direito de escolher um amigo, que também deixará o recinto.

   Construir um modelo linear que descreva:
   a. O número de pessoas que deixam o recinto, em função do *número de respostas certas*.
   b. O número de pessoas que ficam no recinto, em função do *número de respostas certas*.
   c. O domínio da variável *número de respostas certas*.
   d. Após cinco respostas certas, qual o número de pessoas na sala?

2. Uma construtora tem um terreno e calculou que gastará um total de 100.000 tijolos para construir o muro que o cercará. Após construí-lo, acredita que precisará de 10.000 tijolos por semana para a construção de casas no terreno.
   a. Construir um modelo linear que descreva o número de tijolos necessários para as obras, inclusive os do muro, em função do número de semanas decorridas a partir do término do muro.
   b. Após quatro semanas, qual é a quantidade utilizada de tijolos?
   c. Se estiver prevista a construção de 20 casas no terreno, e cada casa consumir 20.000 tijolos, qual o domínio da função construída no item (a)?

3. O tanque de gasolina de um automóvel tem capacidade para 60 litros, e acaba de chegar à reserva (5 litros), quando o motorista estaciona o carro junto a uma bomba de combustível. A capacidade de vazão da bomba é de 10 litros/min. Construa um modelo funcional que descreva:
   a. A quantidade de combustível no tanque (em litros), em função do tempo, a partir do acionamento da bomba.
   b. A quantidade de combustível que falta para encher o tanque, em função do tempo, a partir do acionamento da bomba.
   c. Qual domínio da variável tempo de acionamento da bomba?

4. Um produto deve ser colocado no mercado a um preço de venda mínimo de R$ 5,00. O fabricante acredita que a cada aumento no preço do produto, a partir do preço mínimo, ele perca consumidor a uma taxa de 1.000 para cada real aumentado. O mercado estimado para o preço mínimo é de 10.000 unidades. A quantidade mínima que interessa para os fornecedores é de 1.000 unidades, pois abaixo disso há outras atividades mais rentáveis disponíveis.
   a. Construir um modelo funcional para a quantidade vendida do produto, a cada nível de preço.
   b. Qual o domínio da variável preço?

5. Um modelo simples que descreve o custo de um produto é formado por uma parcela fixa (custo fixo), onde são colocados os custos que não dependem da quantidade produzida, como aluguel de prédio, salários de administradores etc.

   Outra parte é custo variável, obtido pela multiplicação do custo variável por unidade pela quantidade produzida.

   a. Se um produto tem custo fixo de R$ 6.000,00 por mês e custo variável por unidade de R$ 5,00, construa um modelo funcional do custo do produto, a partir da quantidade produzida no mês.

   b. Se a capacidade de produção no mês é de 16.000 unidades, qual o domínio dessa função?

   c. Qual é o custo para uma produção de 16.000 unidades?

6. A receita obtida com a venda de certa quantidade de um item é o produto do preço de venda unitário por essa quantidade vendida.

   a. Se o preço de venda unitário de um item é R$ 10,00, construa um modelo funcional que descreva a receita, em função da quantidade vendida do produto.

   b. Se o potencial de mercado do produto é de 5.000 unidades para o preço de venda proposto, qual é o domínio da variável quantidade vendida?

7. O lucro pode ser descrito em função da quantidade vendida de um produto, a partir da diferença entre a receita obtida pela venda dessa quantidade e o custo devido à produção da mesma.

   a. Se o custo fixo de produção de um item é de R$ 8.000,00 no mês e o custo variável por unidade é de R$ 12,00, construa o modelo funcional que descreve o custo em função da quantidade produzida no mês (ver Problema 5).

   b. Se o preço de venda unitário é de R$ 20,00, construa um modelo funcional que descreva a receita obtida com a venda da quantidade produzida no mês (ver Problema 6).

   c. Construa um modelo funcional que descreva o lucro no mês pela produção e venda desse item, em termos da quantidade produzida e vendida.

8. Uma cozinha industrial fornece refeições para diversos restaurantes. Ela inicia seus trabalhos às 4 horas da manhã e produz 800 refeições por hora.

   Às 9 horas, a previsão inicial de consumo para os restaurantes era de 5.000 unidades, e tudo o que está pronto é imediatamente enviado. A partir das 9 horas, os restaurantes passam a enviar pedidos de complementação, de acordo com o movimento do dia, e esses pedidos chegam a urna taxa de 300 refeições por hora. A cozinha encerra sua produção quando o estoque atingir 250 unidades.

   a. Construir um modelo funcional que descreva a quantidade de refeições produzidas, em função do tempo, a partir das 9 horas da manhã.

   b. Construir um modelo funcional que descreva a quantidade de refeições solicitada pelos restaurantes, a partir das 9 horas da manhã.

   c. Qual o número de refeições produzidas até as 10 horas?

   d. Qual o número de refeições solicitadas até as 10 horas?

   e. Qual o estoque da cozinha às 6 horas? 10 horas? 11 horas?

   f. A que horas encerra-se a produção?

9. Um produto tem mercado estimado em 100.000 unidades a partir de seu preço mínimo que é de R$ 10,00. À medida que o preço aumenta 50 centavos, o mercado recua 4.000 unidades.

   a. Descrever a quantidade que o mercado absorve do produto em função de seu preço.

   b. A que preço a quantidade absorvida pelo mercado é de 6.000 unidades?

   c. A que preço a quantidade absorvida pelo mercado é maior que 5.000 unidades?

   d. A que preço a quantidade absorvida pelo mercado está entre 4.000 e 8.000 unidades?

10. Um produto tem um mercado de 5.000 unidades para um preço mínimo de R$ 4,00. A partir desse preço, um aumento de R$ 1,00 provoca uma queda de 500 unidades no mercado.

    Os produtores oferecem esse produto a partir de um preço mínimo de R$ 5,00 e quantidade correspondente de 1.500 unidades. A cada R$ 1,00 de aumento no preço a partir do preço mínimo os produtores aumentam sua oferta em 1.000 unidades.

    a. Construir um modelo funcional que descreva a quantidade demandada pelo mercado, em função do preço unitário.

    b. Construir um modelo funcional que descreva a quantidade oferecida pelos produtores, em função do preço unitário.

c. Com o preço de R$ 6,00, qual a quantidade demandada pelo mercado e qual a ofertada pelos produtores?

d. Para que preço a quantidade demandada é igual à quantidade ofertada?

Respostas

1. a. x = número de respostas certas
   y = número de pessoas que deixam o recinto
   Modelo funcional: $y = 2x$
   b. x = número de respostas certas
   y = número de pessoas que ficam no recinto
   Modelo funcional: $y = 51 - 2x$
   c. Domínio: $0 \leq x \leq 25$
   d. 41 pessoas

2. a. x = número de semanas após o término do muro
   y = número de tijolos
   Modelo funcional: $y = 100.000 + 10.000x$
   b. 140.000
   c. Domínio: $0 \leq x \leq 40$

3. a. x = tempo em minutos
   y = quantidade de combustível no tanque
   Modelo funcional: $y = 5 + 10x$
   b. x = tempo em minutos
   y = quantidade de combustível que falta para encher o tanque
   Modelo funcional: $y = 55 - 10x$
   c. $0 \leq x \leq 5,5$

4. a. p = preço unitário do produto
   q = quantidade vendida do produto
   Modelo funcional: $q = 15.000 - 1.000p$
   b. $5 \leq p \leq 14$

5. a. q = quantidade vendida do produto
   C = custo de produção das q unidades
   Modelo funcional: $C = 5q + 6.000$
   b. $0 \leq q \leq 16.000$
   c. R$ 86.000,00

6. a. q = quantidade vendida do produto
   R = receita pela venda das q unidades produzidas 10q
   Modelo funcional: $R = 10q + 8.000$
   b. $0 \leq q \leq 5.000$

7. a. q = quantidade produzida
   C = custo de produção das q unidades
   Modelo funcional: $C = 12q + 8.000$
   b. q = quantidade ccomercializada
   R = receita
   Modelo funcional: $R = 20q$
   c. q = quantidade comercializada
   L = lucro
   Modelo funcional: $L = 8q - 8.000$

8. a. x = número de horas a partir de 9 horas da manhã
   Q_p = quantidade produzida a partir das 9 horas da manhã
   Modelo funcional: $Q^p = 800x + 4.000$
   b. x = número de horas a partir de 9 horas da manhã
   Q_s = quantidade solicitada pelas empresas a partir das 9 horas da manhã
   Modelo funcional: $Qs = 300x + 5.000$
   c. $Q_p = 4.800$
   d. $Q_s = 5.300$
   e. 1.600; 0; 0
   f. 11 horas e 30 minutos

9. a. p = preço unitário de venda
   D = demanda
   Modelo funcional: $D = 180.000 - 8.000p$
   b. R$ 21,75
   c. $p <$ R$ 21,88
   d. R$ 21,50 $< p <$ R$ 22,00

10. a. p = preço unitário de venda
    q_d = quantidade demandada
    Modelo funcional: $q_d = 7.000 - 500p$
    b. p = preço unitário
    q_o = quantidade ofertada
    Modelo funcional: $q_o = 1.000p - 3.500$
    c. $q_d = 4.000$
    $q_o = 2.500$
    d. $p =$ R$ 7,00

5 FUNÇÃO QUADRÁTICA

Você verá que o gráfico da função quadrática é uma curva que apresenta em alguns casos picos e em outros casos depressões, comportamentos importantes para representar um grande número de situações. A área do retângulo em função da altura como descrita no início da página 55 é quadrática e se você olhar com atenção a tabela de valores ali colocada, verá que ela deve apresentar um pico. A pesquisa deste pico é assunto do capítulo 4.

5.1 Generalidades

Definição. É a função dada pela regra $y = Ax^2 + Bx + C$, com domínio R, em que A, B e C são números reais e $A \neq 0$.

O gráfico da função quadrática é uma parábola que tem a concavidade voltada para cima, caso A seja positivo, e concavidade voltada para baixo, caso A seja negativo.

Exemplo 1:

$y = 3x^2 + 14x + 5$

$A = 3; B = 14; C = 5$

Exemplo 2:

$y = -2x^2 + 18$

$A = -2; B = 0; C = 18$

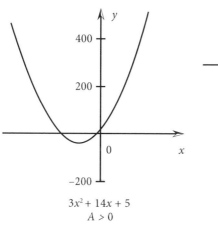

$3x^2 + 14x + 5$
$A > 0$

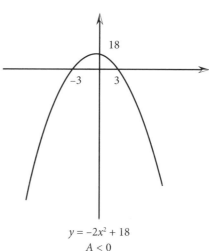

$y = -2x^2 + 18$
$A < 0$

5.2 Construção da parábola

A parábola fica bem caracterizada quando conhecemos seu cruzamento com os eixos e seu vértice.

O vértice da parábola posiciona seu eixo de simetria vertical.

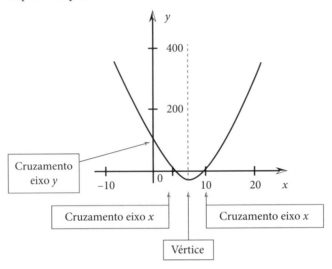

Exemplo 1:

Construir a representação gráfica da função $y = x^2 - 5x + 6$.

Solução:

a. Cruzamento com eixo x: faça $y = 0$ (pois os pontos sobre o eixo x têm $y = 0$).
   O resultado é: $x^2 - 5x + 6 = 0$ (equação do 2º grau)
   Então: $A = 1$, $B = -5$ e $C = 6$
   $\Delta = B^2 - 4AC = (-5)^2 - 4(1)(6) = 25 - 24 = 1$

$$x = \frac{-B \pm \sqrt{\Delta}}{2A} = \frac{-(-5) \pm \sqrt{1}}{2 \times 1} = \frac{5 \pm 1}{2} = \begin{cases} \dfrac{5-1}{2} = 2 \\ \dfrac{5+1}{2} = 3 \end{cases}$$

A parábola cruza o eixo x nos pontos (2, 0) e (3, 0).

b. Cruzamento com o eixo y: faça $x = 0$ (pois os pontos sobre o eixo y têm $x = 0$).
   $x = 0 \Rightarrow y = 0^2 - 5 \times 0 + 6 = 6$.
   A parábola cruza o eixo y no ponto (0, 6)

c. Vértice e eixo de simetria

O vértice da parábola tem coordenadas.

$$x = \frac{-B}{2A} \text{ e } y = \frac{-\Delta}{4A}$$

Então:

$$x = \frac{-(-5)}{2\times 1} = \frac{5}{2} = 2,5$$

$$y = \frac{-1}{4\times 10} = \frac{-1}{4} = -0,25$$

O eixo de simetria vertical passa por $x = 2,5$.

Colocando esses resultados no sistema de coordenadas, construímos a figura:

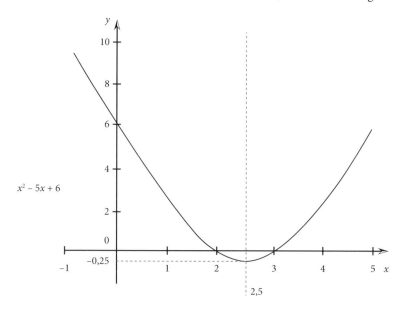

Exemplo 2:

Construir a representação gráfica da função $y = -2x^2$.

Solução:

a. Cruzamento com o eixo x: faça $y = 0$

Então: $-2x^2 = 0$ (equação do 2º grau)

$$-2x^2 = 0 \Rightarrow x^2 = \frac{0}{-2} \Rightarrow x^2 = 0$$

$$x = \pm\sqrt{0} = 0$$

A parábola toca o eixo x no ponto $x = 0$.

b. Cruzamento com o eixo y: faça $x = 0$

Então: $y = -2(0)^2 = 0$

A parábola cruza o eixo y no ponto (0, 0).

c. Vértice e eixo de simetria

$$x = \frac{-B}{2A} = \frac{-(0)}{2 \times 1} = 0$$

$$y = \frac{-\Delta}{4A} = \frac{-0}{4 \times 1} = 0$$

O eixo vertical de simetria passa por $x = 0$ e é, portanto, o próprio eixo y.

Resumindo as informações, teremos:

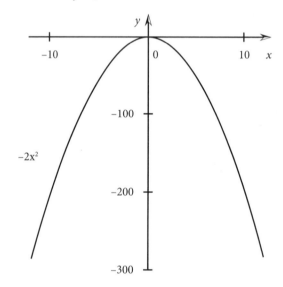

Observação: como você pode visualizar nos dois últimos exemplos a função atinge seu valor máximo ou mínimo no vértice.

EXERCÍCIOS PROPOSTOS

Construir, usando o procedimento apresentado, a representação gráfica das funções quadráticas.

1. $y = x^2 - 4x + 3$, $x \in R$
2. $y = -x^2 + 10x - 16$, $x \in R$
3. $y = x^2$, $x \in R$
4. $y = x^2 - 6x + 9$, $x \in R$
5. $y = -x^2 + 4x$, $x \in R$
6. $y = -x^2 - 1$, $x \in R$
7. $y = 9 - x^2$, $x \in R$
8. $y = x^2 + 4x + 4$, $x \in R$
9. $y = -x^2 - \frac{6}{5}x + 1$, $x \in R$
10. $y = (x-2)^2 + 1$, $x \in R$

5.3 Aplicação – construção de modelos funcionais

Exemplos:

1. A quantidade vendida de um bem está relacionada a seu preço, segundo a função linear:
$$q = 100.000 - 5.000p, \; 10 \leq p \leq 20$$

Para cada preço p fixado a receita obtida com a venda da quantidade correspondente q do bem é o produto da quantidade pelo preço unitário:
$$R = p \times q$$

a. Descrever a receita em função do preço p.

Solução:

Como a receita é calculada como $R = p \times q$, e a quantidade, por
$$q = 100.000 - 5.000p$$
para $10 \leq p \leq 20$, então, substituindo q em R,
$$R = p \times (100.000 - 5.000p), \text{ com } 10 \leq p \leq 20 \text{ ou}$$
$$R = 100.000p - 5.000p^2 \text{ com } 10 \leq p \leq 20.$$

A receita é uma função quadrática do preço de venda do bem.

b. Descrever a receita como função da quantidade q.

Solução:

$$R = p \times q$$

Como $q = 100.000 - 5000p$, com $10 \leq p \leq 20$, e devemos substituir o preço na receita, temos que escrever o preço como função da quantidade.

Isolando p: $5.000p = 100.000 - q$

Dividindo por 5.000: $p = 20 - 0{,}0002q$

Substituindo p em R: $R = (20 - 0{,}0002q) \times q$ ou
$$R = 20q - 0{,}0002q^2$$

Para $p = 10$, o valor de q é 50.000, e para $p = 20$, o valor de q é zero.

O modelo funcional da receita é:
$$R = 20q - 0{,}002q^2, \text{ com } 0 \leq q \leq 50.000$$

A receita é uma função quadrática da quantidade vendida do produto.

2. Uma pessoa tem R$ 20.000,00 para aplicar por dois meses. Consultando várias opções de investimento, concluiu que a taxa mensal de juros composto varia de 0,8% a 2,0% ao mês, dependendo da instituição e do risco do investimento.

   a. Descrever o juro que o investidor pode receber por essa aplicação como função da taxa de juro i escolhida.

Solução:

Juro no 1º mês: i% de 20.000, ou seja, 20.000i

Juro no 2º mês: i% do acumulado no 1º mês, ou seja, $(20.000 + 20.000i)i = 20.000i + 20.000i^2$.

Total: $J = \underbrace{20.000i}_{1º\ mês} + \underbrace{20.000i + 20.000i^2}_{2º\ mês}$

O modelo funcional do juro é: $J = 40.000i + 20.000i^2$, com $0,008 \leq i \leq 0,02$.

O juro é, neste caso, uma função quadrática da taxa de juros.

   b. Descrever o montante (S) que o investidor recebe após os dois meses de aplicação do capital, como função de taxa de juros.

S = capital aplicado + juros

$S = 20.000 + J$

$S = 20.000 + 40.000i + 20.000i^2$

O modelo funcional do montante é: $S = 20.000 + 40.000i + 20.000i^2$, com $0,008 \leq i \leq 0,02$.

O total recebido pelo investidor é uma função quadrática da taxa de juros.

3. Um foco de incêndio foi comunicado por um guarda florestal em uma reserva de mata nativa. Esse guarda estimou que o incêndio ocupa nesse momento uma área circular de 200 m de diâmetro e expande-se em todas as direções a uma taxa de 50 m por hora, ou seja, o raio do círculo aumenta 50 m por hora.

   Exprimir a área ocupada pelo incêndio em função do tempo decorrido a partir do momento da descoberta do incêndio pelo guarda.

Solução:

O raio R, em função do tempo em horas, pode ser expresso como:

$R = 100 + 50t$, com $t \geq 0$

A cada hora o raio aumenta 50 m, a partir do raio inicial de 100 m.

A área A, em função do raio, é:

$A = \pi R^2 = 3,1416 R^2$, com $R \geq 100$ m

Substituindo o raio pela sua expressão em função do tempo, obtém-se:

$A = 3,1416 (100 + 50t)^2$

$A = 31.416 + 31.416t + 7.854t^2$

O modelo funcional da área é: $A = 31.416 + 31.416t + 7.854t^2$, com $t \geq 0$

A área é uma função quadrática do tempo.

EXERCÍCIOS PROPOSTOS

1. Expressar a área de um círculo em função de seu raio r. Qual é o domínio da função?

2. Uma caixa de formato cúbico deve ser totalmente coberta por um papel. Construir um modelo funcional que exprime a área mínima deste papel em função do lado da caixa.

3. O comprimento de um dos lados de um campo de futebol de forma regular é 40% maior que o comprimento do outro lado. Um jogador deve percorrer a diagonal do campo. Qual é o modelo funcional que descreve a distância a ser percorrida pelo jogador em função:

    a. do comprimento do lado maior do campo?

    b. do comprimento do lado menor do campo?

4. Um navio desloca-se em uma rota retilínea a uma velocidade constante de 30 km/h. Um torpedo é disparado a 50 km/h em rota perpendicular ao navio, e deve atingir o centro do navio após seis minutos do disparo.

    a. Construir um modelo funcional que descreva a distância do centro do navio ao ponto de impacto em função do tempo contado a partir do disparo.

    b. Construir um modelo funcional que descreve a distância do torpedo ao ponto de impacto, em função do tempo, a partir do disparo.

    c. Construir um modelo funcional que descreva a distância do torpedo ao centro do navio, em função do tempo, a partir do disparo.

5. Construir um modelo funcional que descreva a área de um triângulo equilátero em função do seu lado.

6. A tabela a seguir apresenta os valores da quantidade demandada de um bem e os preços de venda correspondentes em determinado período:

Preço de venda	p	1	2	3	4
Quantidade vendida	q	8	6	4	2

Determinar:

   a. O modelo funcional que descreve a quantidade demandada em função do preço de venda.

   b. O modelo funcional que descreve a receita pela venda do produto, em função da quantidade vendida.

7. Sabendo que o modelo funcional que descreve a receita (R) pela venda de uma quantidade q de um bem é dada pela equação $R = 10q - 2q^2$ e que o modelo que descreve o custo total do bem em função da quantidade produzida é $C = 2q + 2,50$, determinar:

    a. Um modelo funcional que descreve o lucro pela produção e venda do produto, em função da quantidade produzida e comercializada.

    b. A quantidade vendida que torna o lucro máximo, e o correspondente valor do lucro. (Obs.: o lucro máximo é obtido no vértice da parábola).

8. Uma folha de papelão retangular medindo 50 cm x 30 cm deve ser transformada numa caixa sem tampa, cortando-se quadrados iguais em cada canto da folha de papelão e dobrando-se para cima as laterais formadas após a retirada dos quadrados. Qual é o modelo funcional que descreve a área da caixa em função de sua altura?

9. Se o modelo funcional que descreve a demanda de um bem em função do preço é $q = \dfrac{12 - p}{2}$, e lembrando que $R = p \times q$, determine o modelo funcional que descreve a receita em função da quantidade comercializada.

10. O modelo funcional que descreve a receita em função da quantidade comercializada no problema anterior é $R = -2q^2 + 12q$. Se o custo desse produto pode ser descrito pela equação $C = 3q + 10$, determine:

    a. O modelo funcional que descreve o lucro pela produção e venda do produto, em função da quantidade produzida e comercializada.

    b. A quantidade vendida que torna o lucro máximo, e o correspondente valor do lucro. (Obs.: o lucro máximo é obtido no vértice da parábola).

    c. O preço unitário de venda para essa quantidade.

Respostas

1. y = área do círculo
   x = raio do círculo
   Modelo funcional: $y = 3{,}14x^2$, com $x > 0$

2. y = área do papel
   x = lado do cubo
   Modelo funcional: $y = 6x^2$, com $x > 0$

3. a. d = distância percorrida pelo jogador
   x = comprimento do lado maior
   Modelo funcional: $d = \sqrt{\dfrac{74}{49}x^2} = \dfrac{\sqrt{74}}{7}x$, com $x > 0$

   b. d = distância percorrida pelo jogador
   y = comprimento do lado menor
   Modelo funcional: $d = \sqrt{2{,}96y^2} = \sqrt{2{,}96}\,y$, com $y > 0$

4. a. y = distância do centro do navio ao ponto de impacto (em metros)
   x = tempo marcado a partir do disparo (em minutos)
   Modelo funcional: $y = 3.000 - 500x$, com $x \geq 0$

   b. y = distância do torpedo ao ponto de impacto (em metros)
   x = tempo marcado a partir do disparo (em minutos)
   Modelo funcional: $y = 5.000 - 833{,}33x$, com $x \geq 0$

   c. y = distância do torpedo ao centro do navio
   x = tempo marcado a partir do disparo (em minutos)
   Modelo funcional:
   $y = \sqrt{34.000.000 - 11.333.333{,}33x + 944.444{,}44x^2}$, com $x \geq 0$

5. l = lado do triângulo
   y = área do triângulo
   Modelo funcional: $= \dfrac{\sqrt{3}}{2}l^2$, com $l > 0$

6. a. p = preço unitário de venda
   q = quantidade demandada
   Modelo funcional: $q = 10 - 2p$, com $p > 0$

   b. q = quantidade demandada
   R = receita pela venda
   Modelo funcional: $R = 5q - 0{,}5q^2$

7. a. q = quantidade produzida e comercializada
   L = lucro pelas vendas
   Modelo funcional: $L = -2q^2 + 8q - 2{,}50$, com $q \geq 0$

   b. $q = 2$
   $L = 5{,}50$

8. x = altura da caixa
   y = área da caixa
   Modelo funcional: $y = 1.500 - 4x^2$, com $x > 0$

9. q = quantidade comercializada
   R = receita pela venda
   Modelo funcional: $R = 12q - 2q^2$, com $q \geq 0$

10. a. q = quantidade comercializada
    L = lucro das vendas
    Modelo funcional: $L = -2q^2 + 9q - 10$, com $q \geq 0$

    b. $q = 2{,}25$
    $L = 0{,}125$

    c. $p =$ R\$ 7,50

6 OUTRAS FUNÇÕES IMPORTANTES

Outras funções, além da linear e quadrática, são modelos úteis em várias situações.

6.1 Polinômios de grau superior a 2

Exemplo:

$y = x^3 - 2x^2 + 1$, com $x \in R$, é um polinômio do 3º grau.

Um esboço do gráfico dessa função pode ser construído com base em uma tabela de pontos, determinados a partir de alguns valores de x tomados arbitrariamente.

x	0	1	2	3
$y = x^3 - 2x^2 + 1$	1	0	1	10

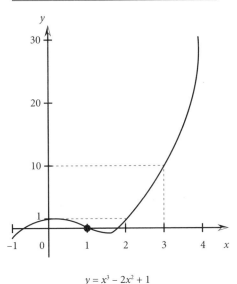

$y = x^3 - 2x^2 + 1$

6.2 Função exponencial de base *e*

É a função dada por $y = e^x$, com $x \in R$, em que *e* é a base do sistema de logaritmos naturais ($e \cong 2{,}72$).

Um esboço do gráfico dessa função pode ser construído com o auxílio de uma tabela (use a calculadora).

x	−2	−1	0	1	2
$y = e^x$	0,14	0,37	1	2,72	7,39

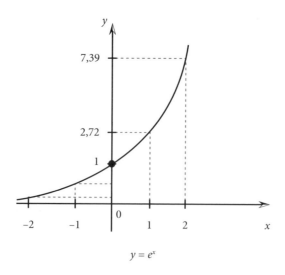

$y = e^x$

6.3 Função logarítmica de base *e*

É a função dada por $y = \ln x$, com $x > 0$.

Uma tabela para a construção do esboço do gráfico dessa função pode ser obtida com o uso de uma calculadora:

x	0,14	0,37	1	2,72	7,39
$y = \ln x$	−2	−1	0	1	2

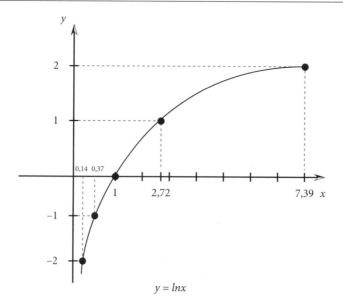

$y = \ln x$

6.4 Função racional

É a função dada por $y = \dfrac{P(x)}{Q(x)}$, em que P e Q são polinômios. O domínio é o conjunto $D = \{x \in R \mid Q(x) \neq 0\}$.

Exemplo:

$y = \dfrac{1}{x-2}$, com $x > 2$

Um esboço do gráfico dessa função pode ser construído com base em uma tabela de pontos, determinados a partir de alguns valores de x tomados arbitrariamente.

x	2,5	3	3,5	4
$y = \dfrac{1}{x-2}$	2	1	0,67	0,50

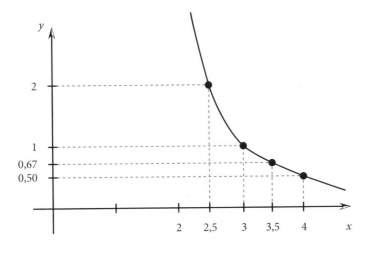

$$y = \dfrac{1}{x-2}$$

6.5 Funções trigonométricas

1. Círculo trigonométrico

Considere um círculo de raio $r = 1$, centrado em um sistema de coordenadas cartesianas ortogonais.

Seja P a interseção do eixo horizontal com a circunferência. Vamos marcar a partir do ponto P, no sentido anti-horário, arcos PX, de comprimento x radianos, que determinam um ângulo central α.

Seja OX o raio da circunferência marcado a partir do extremo do arco PX.

A medida da projeção do raio unitário OX no eixo horizontal define o valor do cosseno do arco PX, ou cosseno do ângulo central α.

A medida da projeção do raio unitário OX no eixo vertical define o valor do seno do arco PX, ou seno do ângulo central α.

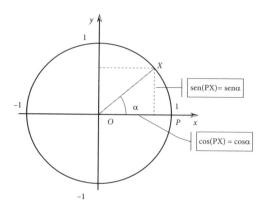

2. Definições

Definição 1. A função definida no conjunto dos números reais, tal *que f(x)* é a medida da projeção do raio OX no eixo horizontal, é chamada função cosseno. A imagem da função cosseno é o intervalo [−1, 1].

$$R \xrightarrow{f} [-1, 1]$$
$$x \longrightarrow y = \cos x$$

O gráfico da função tem o aspecto seguinte:

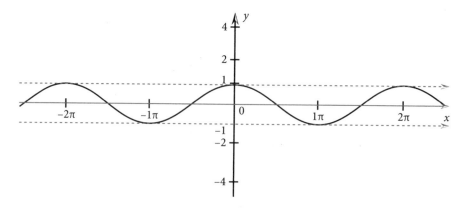

Definição 2. A função definida no conjunto dos números reais, tal *que f(x)* é a medida da projeção do raio OX no eixo vertical, é chamada função seno. A imagem da função seno é o intervalo [–1, 1].

$$R \xrightarrow{f} [-1, 1]$$
$$x \longrightarrow y = \operatorname{sen} x$$

Seu gráfico tem o aspecto seguinte:

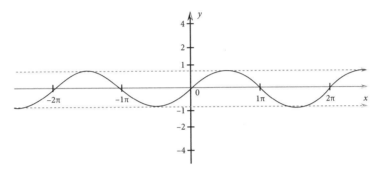

As funções trigonométricas são funções periódicas de período 2π, isto é:
$\operatorname{sen}(x + 2) = \operatorname{sen} x$ e $\cos(x + 2\pi) = \cos x$

Definição 3. A função dada por $\operatorname{tg} x = \dfrac{\operatorname{sen} x}{\cos x}$, com domínio

$D = \left\{ x \in R \mid x \neq \dfrac{\pi}{2} \pm k\pi, \text{ com } k = 0,1,2,3,... \right\}$, é denominada função tangente.

No círculo trigonométrico, o valor da tangente do arco *PX* de comprimento *x* radianos é a medida do segmento *PQ* com *P* e *Q* sobre a reta tangente ao círculo no ponto *P*.

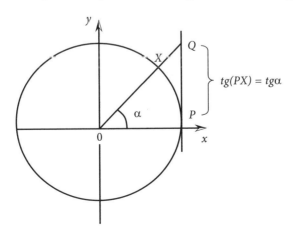

Para cada arco PX, de comprimento x radianos, temos em correspondência um ângulo central, geralmente medido em graus. A tabela a seguir mostra o valor das funções seno e cosseno e tangente para arcos em radianos e os correspondentes ângulos em graus.

Arco (radianos)	Ângulo (graus)	seno	cosseno	tangente
0	0	0	1	0
$\dfrac{\pi}{6}$	30	$\dfrac{1}{2}$	$\dfrac{\sqrt{3}}{2}$	$\dfrac{\sqrt{3}}{3}$
$\dfrac{\pi}{4}$	45	$\dfrac{\sqrt{2}}{2}$	$\dfrac{\sqrt{2}}{2}$	1
$\dfrac{\pi}{3}$	60	$\dfrac{\sqrt{3}}{2}$	$\dfrac{1}{2}$	$\sqrt{3}$
$\dfrac{\pi}{2}$	90	1	0	não definida
π	180	0	-1	0
$\dfrac{3\pi}{2}$	270	-1	0	não definida

6.6 Aplicações: construção de modelos funcionais

Exemplo:

Uma financeira empresta um capital C à taxa de juros de 3% ao mês. Construir um modelo funcional que calcule o valor da dívida devido a este empréstimo, nos casos:

1. Após 1 mês.
2. Após t meses quando o capital permanece fixo ao longo do tempo.
3. Após t meses quando no final de cada período o capital é acrescido dos juros para o cálculo do juro do próximo período.

Solução:

1. C = capital   Juro do período $J = 3\% \times C = 0,03C$ D_1 = dívida após 1 mês
$D_1 = C + J = C + 0,03C = (1 + 0,03)C$ ou $D_1 = 1,03C$

2. Juro em cada período sobre o capital C fixo: $J = 3\% \times C = 0{,}03C$. Em t meses $J_t = t \times J = 0{,}03 \times t \times C$. Dívida em t meses: $D_t = C + J_t = C + 0{,}03 \times t \times C = (1 + 0{,}03t)C$

3. Cálculo quando o juro é integrado ao capital:

$J_1 = 0{,}03C$ $D_1 = C + J_1 = C + 0{,}03C = 1{,}03C$
$J_2 = 0{,}03D_1$ $D_2 = D_1 + J_2 = 1{,}03C + 0{,}03 \times 1{,}03C = 1{,}03C(1 + 0{,}03) = 1{,}03^2C$
$J_3 = 0{,}03D_2$ $D_3 = D_2 + J_3 = 1{,}03^2C + 0{,}03 \times 1{,}03^2C = 1{,}03^2C(1 + 0{,}03) = 1{,}03^3C$
etc.

Então, $D_t = 1{,}03^tC$

EXERCÍCIOS PROPOSTOS

1. O comprimento dos lados iguais de um triângulo isósceles é 10 cm. Construir um modelo funcional que descreva a área desse triângulo em função do terceiro lado.

2. Uma folha de papelão retangular que mede 50 cm × 30 cm deve ser transformada numa caixa sem tampa, cortando-se quadrados iguais em cada canto da folha de papelão e dobrando-se para cima as laterais formadas após a retirada dos quadrados. Construir um modelo funcional que descreva o volume da caixa em função de sua altura.

3. O modelo funcional que descreve aproximadamente um conjunto de observações do preço de venda de um bem, para cada quantidade fixada, é a equação $p = q^2 - 15q + 50$, com $1 \leq q \leq 5$. Determinar o modelo funcional que descreve a receita em termos da quantidade vendida desse produto.

4. Se a equação da demanda de um bem pode ser escrita como $p = \dfrac{500}{1+q}$, em que p é o preço de venda e q, a quantidade vendida:
   a. Construir o modelo da receita pela venda de q unidades do produto.
   b. Se o custo pode ser descrito pela equação $C = 5q + 100$, construir o modelo do lucro em termos da quantidade vendida.

Respostas

1. x = terceiro lado do triângulo
   y = área do triângulo
   Modelo funcional: $y = \dfrac{x\sqrt{400 - x^2}}{4}$, com $0 < x < 20$

2. x = altura da caixa
   y = volume da caixa
   Modelo funcional: $y = 1.500x - 160x^2 + 4x^3$, com $0 < x < 15$

3. q = quantidade vendida
   R = receita de venda
   Modelo funcional: $R = q^3 - 15q^2 + 50q$, com $1 \leq q \leq 5$

4. a. q = quantidade vendida
   R = receita de venda
   Modelo funcional: $R = \dfrac{500q}{1+q}$, com $q \geq 0$

   b. q = quantidade vendida
   L = lucro pela venda
   Modelo funcional:
   $$L = \dfrac{-5q^2 + 395q - 100}{1+q}, \text{ com } q \geq 0$$

Noção Intuitiva de Limite

2

O estudo das funções como passa a ser visto a partir deste ponto é conhecido como Cálculo. O Cálculo aborda o estudo das funções apoiado na teoria dos limites. Essa teoria será tratada aqui de maneira intuitiva, pois sua abordagem não é simples. É sempre bom começar este assunto com um exemplo bem-humorado.

Um ponto está a 64 cm de uma reta e se desloca para ela percorrendo metade da distância que a separa da reta a cada segundo. Depois de quantos anos o ponto atinge a reta?

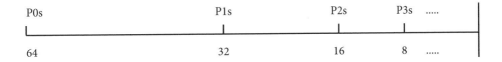

Depois de muita discussão, todos concordam que o ponto nunca atingirá a reta. A reta apenas limita o deslocamento do ponto. É o seu limite.

1 LIMITE DE FUNÇÃO EM UM PONTO

1.1 Limites finitos

Estamos interessados agora em verificar qual o comportamento dos valores y da função $y = f(x)$, quando x está próximo de um ponto p.

Dizer que o limite de uma função $y = f(x)$, em um ponto p, é um número L, é afirmar que, à medida que x se aproxima de p, os valores da função aproximam-se do número L.

Indicamos:

$$\lim_{x \to p} f(x) = L$$

Exemplos:

1. Como se comportam os valores da função $y = 3x + 5$ quando x se aproxima do ponto $p = 4$?

Solução:

$$\lim_{x \to 4} (3x + 5) = ?$$

Ora, à medida que x se aproxima de 4, o valor $3x$ aproxima-se de 12 e $3x + 5$ aproxima-se de 17. O limite é portanto $L = 17$ e indicamos:

$$\lim_{x \to 4} (3x + 5) = 17$$

2. Como se comportam os valores da função $y = x^2 - 2x + 1$ quando x se aproxima do ponto $p = 3$?

Solução:

À medida que x se aproxima do ponto $p = 3$:
- x^2 aproxima-se do valor 9;
- $2x$ aproxima-se do valor 6.

Portanto, a expressão $x^2 - 2x + 1$ aproxima-se de
$9 - 6 + 1 = 4$

O limite é $L = 4$ e indicamos:

$$\lim_{x \to 3} (x^2 - 2x + 1) = 4$$

3. Como se comportam os valores da função $y = \dfrac{x-2}{x+1}$, quando x se aproxima do ponto $p = 2$?

Solução:

À medida que x se aproxima de 2:

- $x - 2$ aproxima-se de zero;

- $x + 1$ aproxima-se de 3; portanto, $\dfrac{x-2}{x+1}$ aproxima-se de $\dfrac{0}{3} = 0$, ou seja, $\lim\limits_{x \to 2} \dfrac{x-2}{x+1} = 0$

4. Como se comportam os valores da função $y = \dfrac{x^2 - 4}{x - 2}$ quando x se aproxima de 2?

Solução:

Nesse caso, o raciocínio não pode ser aplicado, pois, à medida que x se aproxima do ponto $p = 2$,

- $x^2 - 4$ aproxima-se de zero;
- $x - 2$ aproxima-se de zero.

Portanto, os valores da expressão $\dfrac{x^2 - 4}{x - 2}$ aproximam-se de uma fração do tipo $\dfrac{0}{0}$.

Para resolver essa questão, construímos duas tabelas de valores que se aproximam à esquerda e à direita do ponto $p = 2$, e procuramos concluir para que valor a expressão realmente converge.

x	$y = \dfrac{x^2 - 4}{x - 2}$
1	3,00
1,9	3,900
1,99	3,990
1,999	3,999
⇓	⇓
2	?

x	$y = \dfrac{x^2 - 4}{x - 2}$
3	5,000
2,1	4,100
2,01	4,010
2,001	4,001
⇓	⇓
2	?

Não é difícil concluir que, à medida que x se aproxima de 2, os valores de $y = \dfrac{x^2 - 4}{x - 2}$ aproximam-se do valor $L = 4$.

Então:

$$\lim_{x \to 2} \frac{x^2 - 4}{x - 2} = 4$$

5. Qual o limite da função $y = \dfrac{x^2 - 10x + 16}{x - 8}$ quando x se aproxima de $p = 8$?

Solução:

Da mesma forma que o exercício anterior, à medida que x se aproxima de 8, as expressões:

- $x^2 - 10x + 16$ aproxima-se de zero;

- $x - 8$ aproxima-se de zero, e a fração $y = \dfrac{x^2 - 10x + 16}{x - 8}$ aproxima-se de uma fração do tipo $\dfrac{0}{0}$.

Assim, para esclarecer o valor do limite, construímos as tabelas dos valores $y = \dfrac{x^2 - 10x + 16}{x - 8}$ para x aproximando-se de 8.

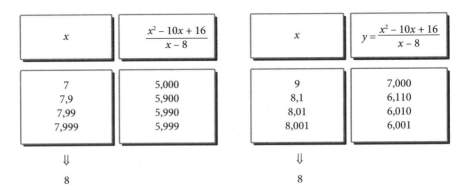

Não é difícil concluir que o limite é $L = 6$,

$$\lim_{x \to 8} \frac{x^2 - 10x + 16}{x - 8} = 6$$

Observação:

Pode ocorrer que as tabelas de valores à esquerda e à direita forneçam valores distintos. Nesse caso, dizemos que esses valores são os limites laterais, à esquerda e à direita do ponto. Entretanto, o limite no ponto não existe.

Pode ocorrer também que a função nem possa ser calculada em um dos lados do ponto. O limite nesse caso não existe. O que existe é o limite lateral que pode ser calculado.

Exemplo:

Calcular $\lim_{x \to 0} \sqrt{x}$

x	$y = \sqrt{x}$
−1	
−0,1	?
−0,01	
−0,001	

⇓

0

x	$\sqrt{x}$
1	1
0,1	0,32
0,01	0,1
0,001	0,032
0,0001	0,001

⇓

0

O limite à direita é $L = 0$. O limite à esquerda não pode ser obtido.

Portanto o limite proposto,

$\lim_{x \to 0} \sqrt{x}$, não existe

1.2 Limites infinitos

Pode ocorrer que à medida que x se aproxima de p, os valores de $y = f(x)$ tornem-se números muito grandes, afetados dos sinais (+) ou (−).

Se, à medida que x se aproxima do ponto p pela esquerda (p^-), o valor da função cresce indefinidamente, descrevemos esse comportamento dizendo que o limite à esquerda do ponto p é +∞.

$$\lim_{x \to p^-} f(x) = +\infty$$

Se os valores decrescem indefinidamente, escrevemos: $\lim_{x \to p^-} f(x) = -\infty$

Se esses fatos se repetem à direita do ponto $p(p^+)$, escrevemos:

$$\lim_{x \to p^+} f(x) = +\infty \quad \text{ou} \quad \lim_{x \to p^+} f(x) = -\infty$$

Se os limites laterais do ponto p coincidem, escrevemos:

$$\lim_{x \to p} f(x) = +\infty \quad \text{ou} \quad \lim_{x \to p} f(x) = -\infty.$$

Exemplos

1. Calcular $\lim_{x \to 0} \dfrac{5+x}{x^2}$

À medida que x se aproxima do zero:
- $5 + x$ aproxima-se de 5;
- x^2 aproxima-se de zero.

A fração caminha para uma expressão do tipo $\dfrac{5}{0}$, e não pode ser intuitivamente determinada.

Vamos construir as tabelas com x aproximando-se de zero.

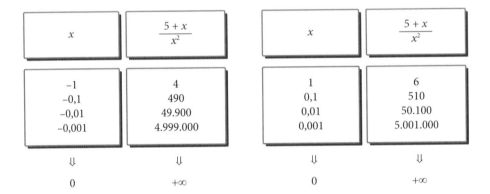

Conclusão:

Quando x se aproxima de zero tanto pela esquerda quanto pela direita, os valores da função tendem a $+\infty$.

Então, indicamos:
$$\lim_{x \to 0} \dfrac{5+x}{x^2} = +\infty$$

2. Calcular $\lim_{x \to 3} \dfrac{x^2+1}{x-3}$

À medida que x se aproxima de 3:
- $x^2 + 1$ aproxima-se de 10;
- $x - 3$ aproxima-se de zero e a fração $\dfrac{x^2+1}{x-3}$ caminha para uma expressão do tipo $\dfrac{10}{0}$.

Devemos, como no caso anterior, construir as tabelas para as aproximações de x para 3.

x	$\dfrac{x^2+1}{x-3}$
0	−5
2,9	−94,1
2,99	−994,01
2,999	−9.994,001
⇓	⇓
0	−∞

x	$\dfrac{x^2+1}{x-3}$
4	17
3,1	106,1
3,01	1.006,01
3,001	10.006,001
⇓	⇓
0	+∞

Conclusão:

O limite à esquerda é −∞. O limite à direita é +∞. O limite no ponto $p = 3$ não existe porque os limites laterais são diferentes.

1.3 Função contínua

Se uma função tem limite em um ponto p e, além disso, é possível calcular o valor dessa função no ponto e o valor coincide com o limite, dizemos que a função é contínua nesse ponto.

Exemplos:

1. Verificar se a função $y = \dfrac{3x+9}{x+3}$ é contínua no ponto $p = 2$.

   a. Cálculo do limite: quando x se aproxima de 2,
   - $3x + 9$ aproxima-se de 15;
   - $x + 3$ aproxima-se de 5.

   A fração $\dfrac{3x+9}{x+3}$ aproxima-se de $\dfrac{15}{5} = 3$

   Portanto $\lim\limits_{x \to 2} \dfrac{3x+9}{x+3} = 3$.

   b. Valor da função no ponto $p = 2$.
   Atribuindo o valor 2 para x, teremos:

$$y = \frac{3 \times 2 + 9}{2 + 3} = \frac{6 + 9}{5} = \frac{15}{5} = 3$$

A função é contínua no ponto $p = 2$, pois seus valores caminham para 3 quando x se aproxima de 2 e atinge o valor 3 no ponto $p = 2$.

Obs.: O gráfico de uma função contínua em todos os seus pontos deve permitir que a linha que o representa seja desenhada de uma só vez, sem saltos.

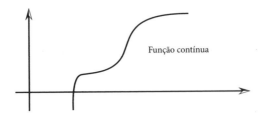
Função contínua

2. Imagine o valor de uma corrida de taxi que começa com uma bandeirada de R$ 3,00 e aumente R$ 0,50 a cada 200 m percorridos.

O modelo funcional que descreve o valor da corrida em função da distância percorrida é:

$$y = \begin{cases} 3 & \text{se } 0 \leq x < 200 \\ 3,50 & \text{se } 200 \leq x < 400 \\ 4,00 & \text{se } 400 \leq x < 600 \\ \text{etc.} \end{cases}$$

Graficamente:

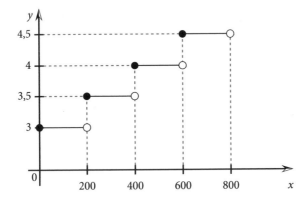

A função é descontínua nos pontos $p = 200$, $p = 400$ etc.

Noção Intuitiva de Limite

Por exemplo:

No ponto $p = 200$, temos que:
- limite à esquerda é 3 (à esquerda, os valores caminham para 3);
- limite à direita é 3,50 (à direita, os valores caminham para 3,50).

O limite no ponto $p = 200$ não existe, pois os limites laterais são distintos.
- O valor da função no ponto $p = 200$ é 3,50.

Para que a função seja contínua nesse ponto, os três valores calculados devem ser iguais.

EXERCÍCIOS PROPOSTOS

1. Calcular usando o conceito intuitivo de limite:

   1.1 $\lim\limits_{x \to 5}(3x - 1)$

   1.2 $\lim\limits_{x \to 3}(10 - 2x)$

   1.3 $\lim\limits_{x \to 0}(x^2 - 10)$

   1.4 $\lim\limits_{x \to -1}(x^2 - x + 1)$

   1.5 $\lim\limits_{x \to 4}\dfrac{x+2}{x-2}$

   1.6 $\lim\limits_{x \to -3}\dfrac{x+3}{x+5}$

2. Calcular os limites das funções com o auxílio de uma tabela de valores à esquerda e à direita do ponto indicado.

   2.1 $\lim\limits_{x \to 3}\dfrac{x^2 - 9}{x - 3}$

   2.2 $\lim\limits_{x \to 5}\dfrac{x^2 - 7x + 10}{x - 5}$

   2.3 $\lim\limits_{x \to 2}\dfrac{x^2 - 6x + 8}{x - 2}$

   2.4 $\lim\limits_{x \to 0}\dfrac{x^2 - x}{x}$

3. Mostrar, usando uma tabela de valores, que os limites não existem.

   3.1 $\lim\limits_{x \to 5}(3x^2 - 1)$, $x > 5$

   3.2 $\lim\limits_{x \to 10}\left[\ln(10 - x)\right]$

   3.3 $\lim\limits_{x \to 2}\dfrac{1}{x - 2}$

4. Identificar em que pontos as funções, cujos gráficos aparecem a seguir, são descontínuas.

4.1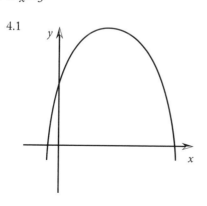

4.2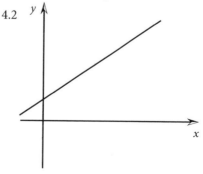

4.3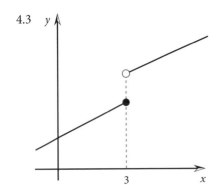

4.4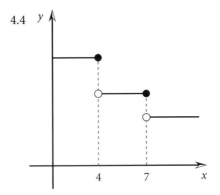

Respostas

1. 1.1   14
   1.2   4
   1.3   −10
   1.4   3
   1.5   3
   1.6   0
2. 2.1   6
   2.2   3
   2.3   −2
   2.4   −1
3. 3.1   O limite à esquerda não existe.
   3.2   O limite à direita não existe.
   3.3   Os limites laterais são distintos.
4. 4.1   Contínua.
   4.2   Contínua.
   4.3   Descontínua em $p = 3$.
   4.4   Descontínua em $p = 4$ e $p = 7$.

Derivada de uma Função 3

Um fato conhecido pela maioria das pessoas é que o consumo de combustível de um automóvel depende de alguns fatores, inclusive da calibragem dos pneus. Vamos medir o consumo de um automóvel em um trecho de 1.000 m com várias calibragens nos pneus.

Calibragem: libra/pol^2	Consumo: km/litro	Variação do consumo
20	9	
25	10,5	1.5
30	11,3	0,8
35	10,7	−0,6
40	9,5	−1,2

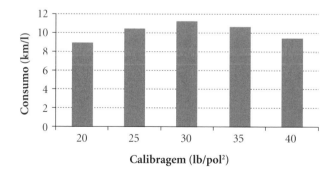

A parte superior do gráfico parece reproduzir um trecho de parábola.

Simplificando os fatos, vamos construir um gráfico, atribuindo cada variação do consumo ao ponto médio do intervalo de calibragem em que ela ocorre.

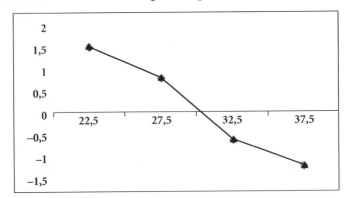

A representação gráfica reproduz aproximadamente um segmento de reta (nós já aprendemos a calcular a equação dessa reta. Está em regressão linear, p. 71). Com a reta de variações é possível:

1. Identificar o ponto que separa variações positivas das negativas, nesse caso (examine o gráfico) pouco acima de 30 libras/pol^2. O cálculo desse ponto está no capítulo 4.
2. Construir o modelo funcional do consumo (primeiro gráfico). Esse trabalho está no capítulo 5.

O modelo que descreve a variação de uma função é a sua derivada, que estudaremos a seguir.

1 TAXA MÉDIA DE VARIAÇÃO DE UMA FUNÇÃO y = f(x) NO INTERVALO [a, b]

Suponhamos que a função $y = f(x)$ seja definida no intervalo $[a, b]$. Quando a variável x passa do valor a para o valor b variando $\Delta x = b - a$, os valores da função $y = f(x)$ passam de $y = f(a)$ para $y = f(b)$, variando $\Delta y = f(b) - f(a)$.

A divisão da variação Δy de y pela variação Δx de x é a taxa média de variação dessa função no intervalo $[a, b]$. Indica-se:

$$TMV = \frac{\Delta y}{\Delta x}$$

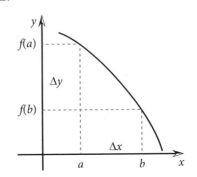

A taxa média de variação indica o que ocorre em média com a função nesse intervalo. Se a taxa média for positiva, indica crescimento médio; se a taxa média for negativa, indica decrescimento médio.

Exemplo:

$TMV = 2$ indica que no intervalo a função está crescendo 2 unidades em média, para cada acréscimo de 1 em x.

$TMV = -3$ indica que no intervalo a função está decrescendo 3 unidades em média, para cada unidade acrescida a x.

Exemplos:

1. Calcular e interpretar o valor da taxa média da variação da função $y = x^2 + 1$ no intervalo $[1, 3]$.

Solução:

Vamos organizar os cálculos da seguinte forma:

$$\begin{cases} b = 3 \\ a = 1 \\ \Delta x = 3 - 1 = 2 \end{cases} \qquad \begin{cases} y = f(3) = 3^2 + 1 = 10 \\ y = f(1) = 1^2 + 1 = 2 \\ \Delta y = 10 - 2 = 8 \end{cases}$$

$$TMV = \frac{\Delta y}{\Delta x} = \frac{8}{4} = 4$$

No intervalo $[1, 3]$, a função $y = x^2 + 1$ está crescendo em média 4 unidades para cada unidade acrescida em x.

2. Calcular e interpretar o valor da taxa média de variação da função $y = \dfrac{x^2 + 10}{3x + 4}$, no intervalo $[0, 6]$.

Solução:

Organizando os cálculos, como no exemplo anterior, vem.

$$\begin{cases} b = 6 \\ a = 0 \\ \Delta x = 6 - 0 = 6 \end{cases} \qquad \begin{cases} y = f(6) = \dfrac{6^2 + 10}{3 \times 6 + 4} = \dfrac{46}{22} = 2{,}09 \\ y = f(0) = \dfrac{0^2 + 10}{3 \times 0 + 4} = \dfrac{10}{4} = 2{,}50 \\ \Delta y = 2{,}09 - 2{,}50 = -0{,}41 \end{cases}$$

$$TMV = \frac{\Delta y}{\Delta x} = \frac{-0{,}41}{6} = -0{,}07$$

No intervalo [0,6], a função $y = \dfrac{x^2 + 10}{3x + 4}$ decresce em média 0,07 unidade para cada unidade acrescida em x.

3. Calcular e interpretar o valor da taxa média de variação da função $y = x^2 - 8x$ no intervalo [2, 6].

Solução:

$$\begin{cases} b = 6 \\ a = 2 \\ \Delta x = 6 - 2 = 4 \end{cases} \qquad \begin{cases} y = f(6) = 6^2 - 8 \times 6 = -12 \\ y = f(2) = 2^2 - 8 \times 2 = -12 \\ \Delta y = -12 - (-12) = 0 \end{cases}$$

$$TMV = \dfrac{\Delta y}{\Delta x} = \dfrac{0}{4} = 0$$

No intervalo [2,6], a função $y = x^2 - 8x$ tem crescimento médio nulo.

EXERCÍCIOS PROPOSTOS

Calcular e interpretar o valor da taxa média de variação da função nos intervalos.

1. $y = 3x + 10$, [2, 5]
2. $y = 10x - x^2$ [0, 2]
3. $y = \dfrac{x+1}{x^2}$, [5, 8]
4. $y = 3^x$, [1, 3]
5. $y = 2x^2 - x^3$, [3, 5]
6. $y = \sqrt{2x - 1}$, [1, 13]

Respostas

1. $TMV = 3$. No intervalo [2, 5] para cada unidade acrescida à x, a função cresce em média 3 unidades.
2. $TMV = 8$. No intervalo [0, 2] para cada unidade acrescida à x, a função cresce em média 8 unidades.
3. $TMV = -0,03$. No intervalo [5, 8] para cada unidade acrescida à x, a função decresce em média 0,03 unidade.
4. $TMV = 12$. No intervalo [1, 3] para cada unidade acrescida à x, a função cresce em média 12 unidades.
5. $TMV = -33$. No intervalo [3, 5] para cada unidade acrescida à x, a função decresce em média 33 unidades.
6. $TMV = 0,33$. No intervalo [1, 13] para cada unidade acrescida à x, a função cresce em média 0,33 unidade.

2 DERIVADA DE UMA FUNÇÃO EM UM PONTO

2.1 Generalidades

A taxa média de variação que calculamos no item anterior fornece-nos o comportamento médio dos valores de uma função em um intervalo, isto é, informa-nos se em média os valores $y = f(x)$ da função estão crescendo ou decrescendo nesse intervalo.

No exemplo 3 desse item, a função analisada é uma parábola. Entretanto, no intervalo que escolhemos, a taxa média de variação informou-nos que essa função se comporta em média como uma constante.

Por outro lado, como os fenômenos naturais geralmente fornecem valores que se modificam continuamente, os modelos funcionais $y = f(x)$ que os representam também devem reproduzir esse comportamento. Precisamos, então, de um indicador que nos forneça o que está ocorrendo com os valores do modelo funcional próximos a cada ponto.

Uma forma de verificar o comportamento de uma função nas proximidades de um ponto é, como vimos, avaliar o limite da função no ponto.

A solução que procuramos é uma forma de calcular a taxa média de variação em pequenos intervalos que contenham esse ponto.

2.2 Conceito de derivada de uma função em um ponto

Um modo de calcular a taxa média de variação bem próxima a um ponto p é calcular a taxa média de variação no intervalo de extremos p e x, e fazer x aproximar-se de p pelo processo de limite.

Esse limite, se for um número real, será chamado de derivada da função $y = f(x)$ no ponto p e será denotado por: $y'(p)$ ou $f'(p)$.

Exemplos

1. Queremos estudar o comportamento da função $y = x^2 + 4$ próximo ao ponto $p = 3$. Para isso, vamos calcular a taxa média de variação no intervalo de extremos 3 e x.

$$\begin{cases} b = x \\ p = 3 \\ \Delta x = x - 3 \end{cases} \qquad \begin{cases} y = f(x) = x^2 + 4 \\ y = f(3) = 3^2 + 4 = 13 \\ \Delta y = x^2 + 4 - 13 = x^2 - 9 \end{cases}$$

$$TMV = \frac{\Delta y}{\Delta x} = \frac{x^2 - 9}{x - 3}$$

Se queremos o comportamento da *TMV* próximo ao ponto $p = 3$, devemos calcular o limite:

$$\lim_{x \to 3} \frac{x^2 - 9}{x - 3},$$

que é um limite que conduz a uma fração do tipo $\frac{0}{0}$. Portanto, devemos construir tabelas para identificar esse valor.

x	$\frac{x^2-9}{x-3}$
2	5
2,9	5,9
2,99	5,99
2,999	5,999

⇓
3

x	$\frac{x^2-9}{x-3}$
4	7
3,1	6,1
3,01	6,01
3,001	6,001

⇓
3

O valor do limite é, portanto, $L = 6$.

A derivada de $y = x^2 + 4$ no ponto $p = 3$ vale 6, e indicamos: $y'(3) = 6$.

Interpretação: próximo ao ponto $p = 3$, a tendência da função é crescer 6.

2. Calcular o comportamento da função $y = \sqrt{x}$ próximo ao ponto $p = 4$.

Solução:

Vamos calcular a *TMV* no intervalo de extremos 4 e x.

$$\begin{cases} b = x \\ p = 4 \\ \Delta x = x - 4 \end{cases} \quad \begin{cases} y = f(x) = \sqrt{x} \\ y = f(4) = \sqrt{4} = 2 \\ \Delta y = \sqrt{x} - 2 \end{cases}$$

$$TMV = \frac{\sqrt{x}-2}{x-4}$$

Para avaliar a *TMV* próxima ao ponto $p = 4$, devemos calcular o limite:

$$\lim_{x \to 4} \frac{\sqrt{x}-2}{x-4}, \text{ que é do tipo } \frac{0}{0}.$$

As tabelas fornecem-nos o valor do limite:

x	$\dfrac{\sqrt{x}-2}{x-4}$
3	0,2679
3,9	0,2516
3,99	0,2502
3,999	0,2500

⇓

4

x	$\dfrac{\sqrt{x}-2}{x-4}$
5	0,2361
4,1	0,2485
4,01	0,2498
4,001	0,2499

⇓

4

O limite procurado é $L = 0,25$.

Interpretação: próximo ao ponto $p = 4$, a tendência da função $y = \sqrt{x}$ é crescer 0,25.

A derivada da função $y = \sqrt{x}$ no ponto $p = 4$ é 0,25 e indicamos $y'(4) = f'(4) = 0,25$.

3. Calcular a derivada da função $y = \dfrac{2x}{x+1}$ no ponto $p = 1$.

Solução:

Calcular a *TMV* da função em um intervalo de extremos 1 e x.

$$\begin{cases} b = x \\ p = 1 \\ \Delta x = x - 1 \end{cases} \qquad \begin{cases} y = f(x) = \dfrac{2x}{x+1} \\ y = f(4) = \dfrac{2}{2} = 1 \\ \Delta y = \dfrac{2x}{x+1} - 1 \end{cases}$$

$$TMV = \frac{\Delta y}{\Delta x} = \frac{\dfrac{2x}{x+1} - 1}{x - 1}$$

Para avaliar a *TMV* próximo ao ponto $p = 1$, devemos calcular o limite:

$\lim\limits_{x \to 1} \dfrac{\dfrac{2x}{x+1} - 1}{x - 1}$, que também é do tipo $\dfrac{0}{0}$.

As tabelas esclarecem o valor do limite:

x	$\dfrac{\dfrac{2x}{x+1} - 1}{x - 1}$	x	$\dfrac{\dfrac{2x}{x+1} - 1}{x - 1}$
0	1	2	0,3333
0,9	0,5263	1,1	0,4762
0,99	0,5025	1,01	0,4975
0,999	0,5002	1,001	0,4998
⇓		⇓	
1		1	

O limite é $L = 0,5$

Interpretação: próximo ao ponto $p = 1$, a tendência da função $y = \dfrac{2x}{x+1}$ é crescer 0,5.
A derivada da função $y = \dfrac{2x}{x+1}$ no ponto $p = 1$ é 0,5 e indicamos $y'(1) = 0,5$.

3 FUNÇÃO DERIVADA

O cálculo da derivada de uma função em um ponto, como fizemos no item anterior, pode ser repetido para todos os pontos do domínio de uma função.

Dessa forma, para cada ponto x em que é possível calcular o valor da derivada $y' = f'(x)$, teríamos os pares:

$$(x, f'(x)),$$

que definem a função derivada de $y = f(x)$.

Essa função pode ser obtida com o auxílio de um grupo de fórmulas de derivadas e um grupo de regras de derivação.

As fórmulas e regras podem ser obtidas de modo semelhante ao que empregamos no cálculo das derivadas no item anterior. Entretanto, não mostraremos como obtê-las, porque acreditamos que não é importante para os objetivos deste texto. O aluno que se interessar poderá obtê-las no livro, do mesmo autor, *Matemática para os cursos de economia, administração, ciências contábeis.* 5. ed. São Paulo: Atlas, 1999. v. 1.

4 CÁLCULO DA FUNÇÃO DERIVADA

4.1 F1 (Fórmula um de derivação) – Derivada da potência

Se $y = x^\alpha$, com $\alpha \in R$, então sua derivada é $y' = (x^\alpha)' = \alpha x^{\alpha - 1}$.

Exemplos:

1. $y = x$ (potência 1 de x) $\Rightarrow$ $y' = (x)' = 1x^{1-1} = 1x^0 = 1$
2. $y = x^2$ (potência 2 de x) $\Rightarrow$ $y' = (x^2)' = 2x^{2-1} = 2x^1 = 2x$
3. $y = x^{10}$ (potência 10 de x) $\Rightarrow$ $y' = (x^{10})' = 10x^{10-1} = 10x^9$
4. $y = x^{\frac{1}{2}}$ (potência $\frac{1}{2}$ de x) $\Rightarrow$ $y' = \left(x^{\frac{1}{2}}\right)' = \frac{1}{2}x^{\frac{1}{2}-1} = \frac{1}{2}x^{-\frac{1}{2}}$
5. $y = x^{-1}$ (potência -1 de x) $\Rightarrow$ $y' = \left(x^{-1}\right)' = -1x^{-1-1} = -1x^{-2} = \frac{-1}{x^2}$
6. $y = x^{-2}$ (potência -2 de x) $\Rightarrow$ $y' = \left(x^{-2}\right)' = -2x^{-2-1} = -2x^{-3} = \frac{-2}{x^3}$

4.2 R1 (Regra um de derivação) – Derivada do produto de uma constante *k* por uma função

Se f é uma função derivável e $y = k \cdot f(x)$, então sua derivada é: $(k \cdot f(x))' = k \cdot f'(x)$, ou seja, a constante pode ser colocada fora do sinal de derivação.

Exemplos:

1. $y = 3x^2$ $\Rightarrow$ $y' = (3x^2)' = (3) \cdot (x^2)' = (3) \cdot 2x = 6x$
2. $y = -5x^7$ $\Rightarrow$ $y' = (-5x^7)' = (-5) \cdot (x^7)' = (-5) \cdot 7x^6 = -35x^6$
3. $y = \dfrac{3}{x^2}$ $\Rightarrow$ $y' = \left(3x^{-2}\right)' = (3).\left(x^{-2}\right)' = (3).(-2).x^{-3} = \dfrac{-6}{x^3}$
4. $y = 5\sqrt{x}$ $\Rightarrow$ $y' = \left(5x^{\frac{1}{2}}\right)' = (5).\left(x^{\frac{1}{2}}\right)' = (5).\dfrac{1}{2}x^{-\frac{1}{2}} = \dfrac{5}{2\sqrt{x}}$

4.3 R2 (Regra dois de derivação) – Derivada da soma (ou diferença) de funções

Se f e g são funções deriváveis e $y = f \pm g$, então sua derivada é:
$$y' = (f \pm g)' = f' \pm g'$$

Exemplos:

1. $y = x^2 + x^3$ $\Rightarrow y' = (x^2 + x^3)' = (x^2)' + (x^3)' = 2x^1 + 3x^2$
2. $y = 4x^3 + 5x$ $\Rightarrow y' = (4x^3 + 5x)' = (4x^3)' + (5x)' = (4)(x^3)' + (5)(x)' = (4) \cdot 3x^2 + (5) \cdot 1x^0 = 12x^2 + 5$
3. $y = 10x^4 - 5x^2$ $\Rightarrow y' = (10x^4 - 5x^2)' = (10x^4)' - (5x^2)' = (10)(x^4)' - (5)(x^2)' = (10) \cdot 4x^3 - (5) \cdot 2x = 40x^3 - 10x$

4.4 F2 (Fórmula dois de derivação) – Derivada de uma constante

Se $y = k$, sua derivada é $y' = (k)' = 0$

Exemplos:

1. $y = 2 \quad \Rightarrow \quad y' = (2)' = 0$
2. $y = -0{,}49 \quad \Rightarrow \quad y' = (-0{,}49)' = 0$

Com essas duas fórmulas e as duas regras, podemos derivar a maioria das funções que aparecem em nossas aplicações – os polinômios.

Exemplos:

1. $y = 2x + 1 \quad \Rightarrow \quad y' = (2x + 1)' = (2x)' + (1)' = (2)(x)' + (1)' = (2) \cdot 1x^0 + 0 = 2$
2. $y = x^2 - 6x + 10 \quad \Rightarrow \quad y' = (x^2 - 6x + 10)' = (x^2)' - (6)(x)' + (10)' = 2x - (6) \cdot 1x^0 + 0 = 2x - 6$
3. $y = 4x^3 - 2x^2 + 10x - 1 \quad \Rightarrow \quad y' = (4x^3 - 2x^2 + 10x - 1)' = 4(x^3)' - 2(x^2)' + 10(x)' + (1)' = (4) \cdot 3x^2 - (2) \cdot 2x^1 + (10) \cdot 1x^0 + 0 = 12x^2 - 4x + 10$

4. $y = \dfrac{x^3}{3} - 6x^2 + 1 \quad \Rightarrow \quad y' = \left(\dfrac{x^3}{3}\right)' - \left(6x^2\right)' + (1)' = \dfrac{(x^3)'}{3} - (6)\left(x^2\right)' + (1)'$

$= \dfrac{3x^2}{3} - (6) \cdot 2x + 0 = x^2 - 12x$

5. $y = \dfrac{x^3 - 4x^2}{8} \quad \Rightarrow \quad y' = \left(\dfrac{x^3 - 4x^2}{8}\right)' = \dfrac{(x^3 - 4x^2)'}{8} = \dfrac{(x^3)' - 4(x^2)'}{8} = \dfrac{3x^2 - 8x}{8}$

À medida que nos acostumamos com o emprego dessas fórmulas, podemos dispensar alguns detalhamentos.

Os exemplos dados até agora podem ser executados em apenas uma etapa.

Por exemplo, no exercício $y = x^2 + x^3$, podemos escrever diretamente $y' = 2x + 3x^2$.

EXERCÍCIOS PROPOSTOS

Calcular a função derivada de cada uma das funções:

1. $y = 5$, $\quad x \in R$
2. $y = -8$, $\quad x \in R$
3. $y = x^3$, $\quad x \in R$
4. $y = x^5$, $\quad x \in R$
5. $y = x^{20}$, $\quad x \in R$
6. $y = x^{2,4}$, $\quad x \geq 0$
7. $y = x^{-1}$, $\quad x \neq 0$
8. $y = x^{-4}$, $\quad x \neq 0$
9. $y = 5x$, $\quad x \in R$
10. $y = -6x$, $\quad x \in R$
11. $y = 0{,}40x$, $\quad x \in R$
12. $y = -20x$, $\quad x \in R$
13. $y = \dfrac{1}{3}x$, $\quad x \in R$
14. $y = \dfrac{3}{4}x$, $\quad x \in R$
15. $y = -0{,}9x$, $\quad x \in R$
16. $y = 4{,}95x$, $\quad x \in R$
17. $y = 3x^2$, $\quad x \in R$

18. $y = 5x^2$, $\qquad x \in R$
19. $y = -4x^2$, $\qquad x \in R$
20. $y = 10x^3$, $\qquad x \in R$
21. $y = -4x^3$, $\qquad x \in R$
22. $y = 0{,}8x^3$, $\qquad x \in R$
23. $y = 3x^4$, $\qquad x \in R$
24. $y = \dfrac{5}{4}x$, $\qquad x \in R$
25. $y = x^2 + 3x + 1$, $\qquad x \in R$
26. $y = -x^2 - 10x + 50$, $\qquad x \in R$
27. $y = 3x^2 + 4x - 10$, $\qquad x \in R$
28. $y = 10x^3 - 6x^2 + 1$, $\qquad x \in R$
29. $y = 0{,}4x^2 - 5x + 4$, $\qquad x \in R$
30. $y = x^3 - 3x^2 + 12$, $\qquad x \in R$
31. $y = \dfrac{x^3}{3} - 4x^2 + 2x + 1$, $\qquad x \in R$

32. $y = 4x^4 - 10$, $\qquad x \in R$
33. $y = \dfrac{x^2 + 10}{5}$, $\qquad x \in R$
34. $y = \sqrt{x} + 5$, $\qquad x \geq 0$
35. $y = x^2 - \dfrac{10}{x^2}$, $\qquad x \neq 0$
36. $y = x^3 + \dfrac{15}{x}$, $\qquad x \neq 0$
37. $y = \sqrt[3]{x} + 4$, $\qquad x \in R$
38. $y = \dfrac{4x^3 - 12x}{5}$, $\qquad x \in R$
39. $y = \dfrac{-x^3}{2} + 10$, $\qquad x \in R$
40. $y = \dfrac{-x^3}{6} + 4x^2 - \dfrac{1}{3}x + 10$, $\qquad x \in R$

Respostas

1. $y' = 0$, $\qquad x \in R$
2. $y' = 0$, $\qquad x \in R$
3. $y' = 3x^2$, $\qquad x \in R$
4. $y' = 5x^4$, $\qquad x \in R$
5. $y' = 20x^{19}$, $\qquad x \in R$
6. $y' = 2{,}4x^{1,4}$, $\qquad x \geq 0$
7. $y' = \dfrac{-1}{x^2}$, $\qquad x \neq 0$
8. $y' = \dfrac{-4}{x^5}$, $\qquad x \neq 0$
9. $y' = 5$, $\qquad x \in R$
10. $y' = -6$, $\qquad x \in R$
11. $y' = 0{,}40$, $\qquad x \in R$
12. $y' = -20$, $\qquad x \in R$
13. $y' = \dfrac{1}{3}$, $\qquad x \in R$
14. $y' = \dfrac{3}{4}$, $\qquad x \in R$
15. $y' = -0{,}9$, $\qquad x \in R$
16. $y' = 4{,}95$, $\qquad x \in R$
17. $y' = 6x$, $\qquad x \in R$
18. $y' = 10x$, $\qquad x \in R$
19. $y' = -8x$, $\qquad x \in R$
20. $y' = 30x^2$, $\qquad x \in R$
21. $y' = 12x^2$, $\qquad x \subset R$
22. $y' = 2{,}4x^2$, $\qquad x \in R$
23. $y' = 12x^3$, $\qquad x \in R$
24. $y' = \dfrac{5}{4}x^4$, $\qquad x \in R$
25. $y' = 2x + 3$, $\qquad x \in R$
26. $y' = -2x - 10$, $\qquad x \in R$
27. $y' = 6x + 4$, $\qquad x \in R$

28. $y' = 30x^2 - 12x$, $\quad x \in R$

29. $y' = 0{,}8x - 5$, $\quad x \in R$

30. $y' = 3x^2 - 6x$, $\quad x \in R$

31. $y' = x^2 - 8x + 2$, $\quad x \in R$

32. $y' = 16x^3$, $\quad x \in R$

33. $y' = \dfrac{2x}{5}$, $\quad x \in R$

34. $y' = \dfrac{1}{2\sqrt{x}}$, $\quad x \in R$

35. $y' = 2x + \dfrac{20}{x^3}$, $\quad x \neq 0$

36. $y' = 3x^2 - \dfrac{15}{x^2}$, $\quad x \neq 0$

37. $y' = \dfrac{1}{3\sqrt[3]{x^2}}$, $\quad x \neq 0$

38. $y' = \dfrac{12x^2 - 12}{5}$, $\quad x \in R$

39. $y' = \dfrac{-3x^2}{2}$, $\quad x \in R$

40. $y' = \dfrac{-x^2}{2} + 8x - \dfrac{1}{3}$, $\quad x \in R$

5 CÁLCULO DA DERIVADA EM UM PONTO

Com o auxílio das fórmulas e regras de derivação, podemos calcular o valor da derivada de uma função em um ponto, sem passar pelo processo de limite, como fizemos anteriormente.

Exemplos:

1. Calcular o valor da derivada $y = 3x^2 + 10x - 50$ no ponto $p = 0{,}8$ e interpretar o resultado obtido.

Solução:

a. Cálculo da função derivada
$$y' = 6x + 10$$

b. Cálculo do valor da função derivada no ponto $P = 0{,}8$
$$y'(0{,}8) = 6(0{,}8) + 10 = 14{,}8$$

c. Interpretação: no ponto $p = 0{,}8$, a tendência da função $y = 3x^2 + 10x - 50$ é crescer 14,8.

2. Uma forma de interpretar a informação que a derivada em um ponto fornece é verificar o que representa essa quantidade em relação ao valor da função nesse ponto.

Se duas funções têm derivadas iguais a 20 no ponto $x = 10$, isso pode ter significados distintos se comparados com o valor de cada função nesse ponto.

Se, por exemplo, $f_1(10) = 50$ e $f_2(10) = 500$, o valor da derivada (tendência à variação) relativa ao valor de cada função no ponto será:

Para a função f_1: $\dfrac{f_1'(10)}{f_1(10)} = \dfrac{20}{50} = 40\%$

Para a função f_2: $\dfrac{f_2'(10)}{f_2(10)} = \dfrac{20}{500} = 4\%$

o que mostra que a tendência relativa é mais significativa para a primeira função do que para a segunda função.

3. Se o custo de um produto em função da quantidade produzida é dado por $C_T = q^3 - 3q^2 + 100q + 1000$, calcular a tendência à variação do custo com a quantidade, relativa ao valor do custo quando a quantidade é de 50 unidades.

Solução:

A tendência à variação é: $C'_T = 3q^2 - 6q + 100$
A tendência para $q = 50$ é: $C'_T(50) = 3 \times 50^2 - 6 \times 50 + 100 = 7.300$
O valor do custo para $q = 50$ é: $C_T(50) = 50^3 - 3 \times 50^2 + 100 \times 50 + 1.000 = 123.500$

A tendência relativa será: $\dfrac{C'_T(50)}{C_T(50)} = \dfrac{7.300}{123.500} = 5,91\%$

A tendência à variação é de 5,91% do valor do custo.

EXERCÍCIOS PROPOSTOS

Calcular o valor da derivada das funções no ponto proposto e interpretar o resultado obtido.

1. $y = x^2 + 5$, $\qquad x \in R \quad$ e $\quad p = 3$

2. $y = -3x^2 + x + 2$, $\qquad x \in R \quad$ e $\quad p = 2$

3. $y = \dfrac{x^3}{3} + 10x^2 - 1$, $\qquad x \in R \quad$ e $\quad p = -1$

4. $y = -5x^2 + \dfrac{3}{4}x + 10$, $\qquad x \in R \quad$ e $\quad p = 0,5$

5. $y = \dfrac{10x^2 - 3x}{5}$, $\qquad x \in R \quad$ e $\quad p = -2$

6. $y = \sqrt{x} + 10$, $\qquad x \geq 0 \quad$ e $\quad p = 9$

7. $y = 4x^3 - \dfrac{2}{3}x + 4$, $\qquad x \in R \quad$ e $\quad p = 0,9$

8. $y = -0,25x^3 + 6x + 5$, $\qquad x \in R \quad$ e $\quad p = -5$

9. $y = \dfrac{6x^2 - 10x}{12}$, $\qquad x \in R \quad$ e $\quad p = 4$

10. $y = \dfrac{6x - 10x^3}{12}$, $\qquad x \in R \quad$ e $\quad p = 2$

11. A demanda de um produto é dada pela relação $p - 100 - 0,25q$, $100 \leq q \leq 200$.

    a. Calcular a tendência à variação do preço com a quantidade em relação ao valor do preço $\dfrac{p'(q)}{p(q)}$, quando a quantidade é de $q = 120$ unidades.

    b. Calcular a tendência à variação da receita com a quantidade, em relação ao valor da receita $\dfrac{R'(q)}{R(q)}$, ao nível $q = 150$ unidades.

12. Um corpo é deslocado em linha reta, com aceleração de 0,2 m/s². No instante $t = 0$, o corpo es-

tava em repouso na marca zero de sua trajetória, de modo que a equação do espaço percorrido é

$$s = \frac{1}{2} \times 0,2t^2 = 0,1t^2 \, m.$$

Calcular a tendência à variação do espaço percorrido com o tempo, relativo ao espaço percorrido

$\dfrac{s'(t)}{s(t)}$, quando $t = 20$ s e quando $t = 30$ s.

Respostas

1. $y' = 6$ No ponto $p = 3$, a tendência da função é crescer 6.
2. $y' = -11$ No ponto $p = 2$, a tendência da função é decrescer 11.
3. $y' = -19$ No ponto $p = -1$, a tendência da função é decrescer 19.
4. $y' = -\dfrac{17}{4}$ No ponto $p = 0,5$ a tendência da função é decrescer $\dfrac{17}{4}$.
5. $y' = -8,6$ No ponto $p = -2$, a tendência da função é decrescer 8,6.
6. $y' = \dfrac{1}{6}$ No ponto $p = 9$, a tendência da função é crescer $\dfrac{1}{6}$.
7. $y' = 9,05$ No ponto $p = 0,9$, a tendência da função é crescer 9,05.
8. $y' = 8,5$ No ponto $p = -5$, a tendência da função é crescer 8,5.
9. $y' = 3,17$ No ponto $p = 4$, a tendência da função é crescer 3,17.
10. $y' = -3,5$ No ponto $p = 2$, a tendência da função é decrescer 3,5.
11. a. −0,36%
    b. 0,27%
12. 10% e 6,67%

6   OUTRAS REGRAS E FÓRMULAS DE DERIVAÇÃO

6.1   R3 – Derivada do quociente de duas funções

Um caso que aparece com alguma frequência é o de uma função escrita como quociente de outras duas funções.

$$y = \frac{f}{g}$$

Se sabemos como derivar as funções f e g, então a derivada de $y = \dfrac{f}{g}$ pode ser obtida com a fórmula:

$$\left[\frac{f}{g}\right]' = \frac{f' \cdot g - f \cdot g'}{g^2}$$

Exemplos:

Exemplo 1:

Calcular a derivada de cada uma das funções a seguir:

$$y = \frac{x}{x+1}, \ x \neq -1$$

Nesse caso,
$f = x \Rightarrow f' = 1$
$g = x + 1 \Rightarrow g' = 1$

Substituindo esses valores na fórmula da divisão, obtemos:

$$\left[\frac{f}{g}\right]' = \frac{f' \cdot g - f \cdot g'}{g^2} = \frac{(1)(x+1)-(x)(1)}{(x+1)^2} = \frac{1}{(x+1)^2}, \ x \neq -1$$

Obs.: Não é necessário desenvolver o denominador, como veremos mais tarde nas aplicações.

Exemplo 2:

$$y = \frac{5x}{x^2+4}, \ x \in R$$

Nesse caso,
$f = 5x \qquad \Rightarrow f' = 5$
$g = x^2 + 4 \qquad \Rightarrow g' = 2x$

Substituindo esses valores na fórmula da divisão, obtemos:

$$\left[\frac{f}{g}\right]' = \frac{f' \cdot g - f \cdot g'}{g^2} = \frac{(5)(x^2+4)-(5x)(2x)}{(x^2+4)^2} = \frac{20+5x^2}{(x^2+4)^2}, \ x \in R$$

Exemplo 3:

$$y = \frac{10}{x^2+2x+1}, \ x \neq -1$$

Nesse caso,

$f = 10 \Rightarrow f' = 0$

$g = x^2+2x+1 \Rightarrow g' = 2x +2$

Substituindo esses valores na fórmula da divisão, obtemos:

$$\left[\frac{f}{g}\right]' = \frac{f' \cdot g - f \cdot g'}{g^2} = \frac{(0)(x^2+2x+1)-(10)(2x+2)}{(x^2+2x+1)^2} = \frac{-20x-20}{(x^2+2x+1)^2}, \; x \neq -1$$

EXERCÍCIOS PROPOSTOS

Calcular a função derivada de cada uma das funções a seguir:

1. $y = \dfrac{x}{1+2x}, \; x \neq -\dfrac{1}{2}$

2. $y = \dfrac{3}{x+1}, \; x \neq -1$

3. $y = \dfrac{2x}{x+10}, \; x \neq 1$

4. $y = \dfrac{x+1}{x-1}, \; x \neq 1$

5. $y = \dfrac{1}{x^2+4}, \; x \in R$

6. $y = \dfrac{10}{1-x}, \; x \neq 1$

7. $y = \dfrac{-8}{x+4}, \; x \neq -4$

8. $y = \dfrac{2x}{x+5}, \; x \neq -5$

9. $y = \dfrac{x^2}{5x+1}, \; x \neq -\dfrac{1}{5}$

10. $y = \dfrac{-6}{4x+3}, \; x \neq -\dfrac{3}{4}$

Respostas

1. $y' = \dfrac{1}{(1+2x)^2}, \; x \neq -\dfrac{1}{2}$

2. $y' = \dfrac{-3}{(1+x)^2}, \; x \neq -1$

3. $y' = \dfrac{20}{(x+10)^2}, \; x \neq -10$

4. $y' = \dfrac{-2}{(x-1)^2}, \; x \neq 1$

5. $y' = \dfrac{-2x}{(x^2+4)^2}$, $x \in R$

6. $y' = \dfrac{10}{(1-x)^2}$, $x \neq 1$

7. $y' = \dfrac{8}{(4+x)^2}$, $x \neq -4$

8. $y' = \dfrac{10}{(5+x)^2}$, $x \neq -5$

9. $y' = \dfrac{5x^2+2x}{(5x+1)^2}$, $x \neq -\dfrac{1}{5}$

10. $y' = \dfrac{24}{(4x+3)^2}$, $x \neq -\dfrac{3}{4}$

Outras fórmulas de derivação

A função logarítmica $y = \ln x$ pode ser derivada de acordo com a fórmula:

F3) Se $y = \ln x$, $x > 0$, então $y' = \dfrac{1}{x}$, $x > 0$

A função exponencial $y = e^x$ pode ser derivada de acordo com a fórmula:

F4) Se $y = e^x$, $x \in R$, então $y' = e^x$, $x \in R$

A função exponencial $y = a^x$, para $a > 0$ e $a \neq 1$, pode ser derivada de acordo com a fórmula:

F5) Se $y = a^x$, $x \in R$, então $y' = a^x \ln a$, $x \in R$

Exemplos:

Calcular a função derivada de cada uma das funções seguintes:

Exemplo 1:

$y = 4 \ln x$, $x > 0$

Solução:

$y' = (4 \ln x)'$
$y' = 4 (\ln x)'$
$y' = 4 \dfrac{1}{x} = \dfrac{4}{x}$, $x > 0$

Exemplo 2:

$y = 5e^x$, $x \in R$

Solução:

$y' = (5 e^x)'$
$y' = 5 (e^x)'$
$y' = 5 e^x$, $x \in R$

Exemplo 3:

$y = 4 \cdot 3^x, x \in R$

Solução:

$y' = (4 \cdot 3^x)'$
$y' = 4 \cdot (3^x)'$
$y' = 4 \cdot 3^x \ln 3 = 4{,}4 \cdot 3^x$

6.2   R4 – Derivada do produto

Uma regra que pode ser muito útil em determinadas situações é a que permite derivar uma função como um produto de duas outras funções com derivadas conhecidas.

R4) Se $y = f \cdot g$ então $y' = f' \cdot g + f \cdot g'$

Exemplos:

Calcular a função derivada de cada uma das funções seguintes:

Exemplo 1:

$y = x \, e^x, x \in R$

Solução:

Podemos entender y como um produto das funções $f(x) = x$ e $g(x) = e^x$.
Então,
$f'(x) = 1$ e $g'(x) = e^x$

Aplicando R4, obtemos:
$y' = (x \cdot e^x)' = x' \cdot e^x + x \cdot (e^x)'$
$= 1 \cdot e^x + x \, e^x$
$= e^x (x + 1), x \in R$

Exemplo 2:

$y = 2x \ln x, x > 0$

Solução:

Podemos entender y como um produto das funções $f(x) = 2x$ e $g(x) = \ln x$. Então,

$f'(x) = 2$ e $g'(x) = \dfrac{1}{x}$

Aplicando *R4*, obteremos:
$$y' = (2x \ln x)' = (2x)' \ln x + 2x(\ln x)'$$
$$= 2 \cdot \ln x + 2x \frac{1}{x}$$
$$= 2 \ln x + 2 = 2(1 + \ln x), x > 0$$

EXERCÍCIOS PROPOSTOS

Usando a regra do produto, calcular a função derivada de cada uma das funções:

1. $y = 4x \, e^x, x \in R$
2. $y = x^2 \ln x, x > 0$
3. $y = e^x \ln x, x > 0$
4. $y = 3x^2 \, e^x, x \in R$
5. $y = (1 + x)\ln x, x > 0$

Respostas

1. $y' = e^x(4 + 4x), x \in R$
2. $y' = x(1 + 2 \ln x), x > 0$
3. $y' = e^x \left(\frac{1}{x} + \ln x \right), x > 0$
4. $y' = e^x(3x^2 + 6x), x \in R$
5. $y' = \ln x + \frac{1}{x} + 1, x > 0$

7 FUNÇÕES COMPOSTAS E SUAS DERIVADAS

As funções simples como os polinômios, a potência, o logaritmo e a exponencial podem ser compostas, fornecendo outras funções mais complexas.

Exemplos:

1. $y = \sqrt{x^2 + 1} = \left(x^2 + 1\right)^{0,5}, x \in R$ potência 0,5 de um polinômio do 2º grau
2. $y = e^{5x + 10}, x \in R$ exponencial de um polinômio do 1º grau
3. $y = \ln(2x + x^3), x > 0$ logaritmo de um polinômio do 3º grau

Para derivar essas funções, usamos as mesmas fórmulas apresentadas para as funções simples e multiplicamos pela derivada da função que aparece no lugar da variável na função elementar.

Exemplos:

Calcular a função derivada das funções:

Exemplo 1:

$$y = \sqrt{x^2+1}, \ x \in R$$

Solução:

função simples	$y = \sqrt{x}$
função composta	$y = \sqrt{u},$ onde $u = x^2 + 1$
derivada da função simples	$y' = \dfrac{1}{2\sqrt{x}}$
derivada da função composta	$y' = \dfrac{1}{2\sqrt{u}} u'$

Portanto,

$$y' = \frac{1}{2\sqrt{x^2+1}}(x^2+1)'$$

$$= \frac{1}{2\sqrt{x^2+1}} 2x$$

$$= \frac{x}{\sqrt{x^2+1}}, \ x \in R$$

Exemplo 2:

$y = e^{4x+3}, x \in R$

Solução:

função simples	$y = e^x$
função composta	$y = e^u$, em que $u = 4x + 3$
derivada da função simples	$y' = e^x$
derivada da função composta	$y' = e^u \cdot u'$

Portanto,

$y' = e^{4x+3}(4x+3)'$
$= e^{4x+3}(4)$
$= 4 e^{4x+3}, x \in R$

Exemplo 3:

$$y = \ln(1+10x), \ x > -\frac{1}{10}$$

Solução:

função simples $\qquad y = \ln x$

função composta $\qquad y = \ln u$, em que $u = 1 + 10x$

derivada da função simples $\qquad y' = \dfrac{1}{3}$

derivada da função composta $\qquad y' = \dfrac{1}{u} \cdot u'$

Portanto,

$$y' = \frac{1}{1+10x}(1+10x)'$$
$$= \frac{1}{1+10x}(10)$$
$$= \frac{10}{1+10x}, \quad x > -\frac{1}{10}$$

EXERCÍCIOS PROPOSTOS

Calcular a função derivada das funções compostas:

1. $y = \sqrt{2x+4}, \qquad x \geq -2$
2. $y = (3x+1)^4, \qquad x \in R$
3. $y = \ln(x^2+1), \qquad x \in R$
4. $y = e^{1+x}, \qquad x \in R$
5. $y = e^{1+x^2}, \qquad x \in R$
6. $y = \ln(5x-20), \qquad x > 4$
7. $y = e^{1-x^2}, \qquad x \in R$
8. $y = (1-3x)^5, \qquad x \in R$
9. $y = (4x-3)^2, \qquad x \in R$
10. $y = \dfrac{\ln(1-2x)}{5}, \qquad x < \dfrac{1}{2}$

Respostas

1. $y' = \dfrac{1}{\sqrt{2x+4}}, \qquad x > -2$
2. $y' = 12(3x+1)^3, \qquad x \in R$
3. $y' = \dfrac{2x}{x^2+1}, \qquad x \in R$
4. $y' = e^{1+x}, \qquad x \in R$
5. $y' = 2x\, e^{x^2+1}, \qquad x \in R$
6. $y' = \dfrac{5}{5x-20}, \qquad x > 4$
7. $y' = -2x\, e^{1-x^2}, \qquad x \in R$
8. $y' = -15(1-3x)^4, \qquad x \in R$
9. $y' = 32x - 24, \qquad x \in R$
10. $y' = \dfrac{-2}{5-10x}, \qquad x < \dfrac{1}{2}$

Estudo da Variação de Funções

4

Neste capítulo, o objetivo é construir um suporte teórico para que possamos entender como abordar problemas práticos que ocorrem em muitas atividades econômicas, de pesquisa etc., visando atingir metas que contribuem para o sucesso destas atividades. Os exemplos a seguir estão simplificados para manter o foco nos conhecimentos que estamos estudando.

1. Uma indústria de papel e celulose planta eucaliptos para suprir sua necessidade de matéria-prima. O volume de madeira é medido em campo a cada ano. O volume cresce devagar nos primeiros anos, depois acelera nos anos seguintes para posteriormente voltar a crescer mais devagar.

    A meta é saber em que época devemos cortar os eucaliptos e substituí-los por novas mudas para que o volume de madeira obtido seja o maior possível no decorrer do tempo.

2. Em uma granja (de frangos, de porcos etc.) existe preocupação semelhante. Quando substituir os animais por novos filhotes para que o volume de carne obtido seja o maior possível ao longo do tempo. Os animais, como as plantas do exemplo anterior, apresentam ganho de peso mais lento no início, acelerando posteriormente para voltar a diminuir em seguida.

3. Um candidato a cargo eletivo em uma comunidade espalha um boato sobre seu adversário visando prejudicá-lo. Ele imagina que este boato se espalha com velocidade diretamente proporcional ao número de pessoas que tomam conhecimento dele e também ao número de pessoas que ainda não o conhecem. A novidade espalha a pequena velocidade no início, aumentando em seguida para diminuir posteriormente, à medida que restam poucas pessoas na comunidade que ainda desconhecem o boato.

O candidato gostaria de saber em que instante a velocidade de disseminação do boato é a mais favorável.

Nos três casos, a representação gráfica dessas situações tem o mesmo aspecto.

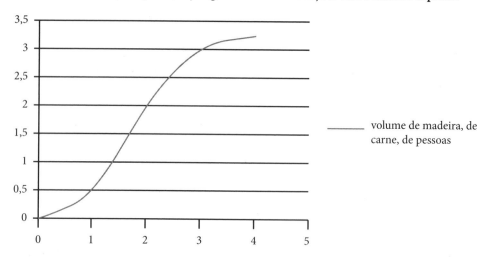

Vamos acompanhar passo a passo como adquirir a habilidade de construir modelos como esse.

1 GENERALIDADES

Muitas ciências usam a Matemática como ferramenta para quantificar e descrever os fenômenos naturais.

A quantificação é uma forma de caracterizar com precisão aspectos de um fenômeno.

Se dissermos que hoje o clima da cidade é quente e úmido, estaremos qualificando o clima da cidade neste momento. Entretanto, a qualidade quente aplica-se a uma larga faixa de temperaturas que pode ir dos 25 aos 30 graus para uma pessoa, ou de 20 aos 28 graus para outra pessoa, dependendo da sensibilidade de cada uma.

A umidade é outra qualidade com ampla faixa de variação, e seu entendimento depende da pessoa que recebe a informação.

Para contornar o problema, informamos os valores numéricos da temperatura e da umidade relativa do ar.

Estamos quantificando o fenômeno e, com isso, melhorando a qualidade da informação. Todas as pessoas que receberem essas informações terão um entendimento muito mais claro com relação à situação do clima da cidade nesse momento.

Para obter com mais qualidade uma descrição dos fenômenos naturais, as ciências utilizam em inúmeras situações os modelos funcionais da Matemática.

Exemplos:

Exemplo 1:

Fenômeno natural: um líquido escoando de um tanque por um orifício no fundo do tanque, pelo efeito da gravidade.

Nesse caso, medimos (quantificamos) a quantidade de líquido que deixa o reservatório. Suponha que haja outro tanque com uma escala, recebendo o líquido.

Devemos esperar que ocorra o seguinte:
a. A quantidade de líquido escoada é cada vez maior.
b. O aumento da quantidade escoada é cada vez menor, pela diminuição da pressão da água no tanque que escoa.

Elegendo a variável tempo para explicar a quantidade de líquido escoada, podemos escrever:

$$Q = f(t)$$

A quantidade de água escoada varia com o tempo. É uma função do tempo.

O modelo funcional neste caso teria o aspecto:

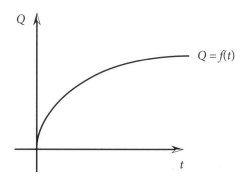

Observe na representação gráfica que:
a. A quantidade de líquido escoada é cada vez maior.
b. O aumento da quantidade escoada é cada vez menor, pela diminuição da pressão da água no tanque que escoa.

Exemplo 2:

Fenômeno natural: reprodução de uma bactéria em um ambiente controlado e favorável.

Nesse caso, medimos (quantificamos) a quantidade de bactérias presentes nesse ambiente.

Devemos esperar que ocorra o seguinte:
a. A quantidade de bactérias é cada vez maior.
b. O aumento da quantidade de bactérias é cada vez maior.

Elegendo a variável tempo para explicar a quantidade de bactérias nesse ambiente, podemos escrever:

$$Q = f(t)$$

A quantidade de bactérias varia com o tempo. É uma função do tempo.

O modelo funcional nesse caso teria o aspecto:

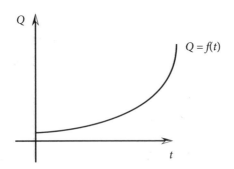

Observe na representação gráfica que:

a. A quantidade de bactérias é cada vez maior.
b. O aumento da quantidade de bactérias é cada vez maior.

Exemplo 3:

Fenômeno natural: procura por determinado bem de consumo ou serviço em uma cidade. Nesse caso, medimos (quantificamos) a quantidade procurada desse bem ou serviço nesta cidade.

Devemos esperar que ocorra o seguinte:

a. A procura varia de acordo com alguns fatores; por exemplo, a renda dos habitantes da cidade.
b. Quanto maior o poder aquisitivo e quanto menor o preço do bem ou serviço, maior será a procura.
c. À medida que o preço aumenta a procura diminui, mas essa queda é cada vez menor.

Elegendo a variável preço para explicar a quantidade procurada do bem ou serviço, podemos escrever:

$$Q = f(p)$$

A quantidade procurada do bem ou serviço varia com o preço. É uma função do preço.

O modelo funcional nesse caso teria o aspecto:

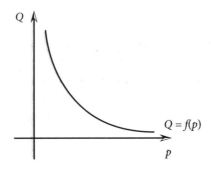

Observe na representação gráfica que a procura diminui com o aumento do preço, cada vez mais lentamente.

Exemplo 4:

Fenômeno natural: queda de um corpo sob ação da gravidade.

Nesse caso, medimos (quantificamos) a distância do corpo ao solo. Devemos esperar que ocorra o seguinte:
a. A distância é cada vez menor.
b. Essa diminuição é cada vez mais rápida.

Elegendo a variável tempo (decorrido a partir do momento do início da queda) para explicar a distância do corpo ao solo, podemos escrever:

$D = f(t)$

A distância do corpo ao solo varia com o tempo. É uma função do tempo. A propósito, Galileu, estudando esse fenômeno, formulou a lei da queda dos corpos, o que conduziu a um modelo funcional dado por uma função quadrática.

O modelo funcional nesse caso teria o aspecto:

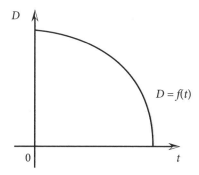

Observe na representação gráfica que a distância do corpo ao solo diminui e cada vez mais rapidamente.

2 ASPECTOS BÁSICOS DOS MODELOS FUNCIONAIS

Quando imaginamos um modelo funcional $y = f(x)$ para descrever um fenômeno natural, devemos nos preocupar inicialmente com dois aspectos do modelo:
a. Os valores de y crescem ou decrescem com o aumento da variável explicativa x?
b. A curvatura (que é apresentada no gráfico do modelo) é voltada para baixo ou para cima?

Os gráficos a seguir representam os modelos básicos.

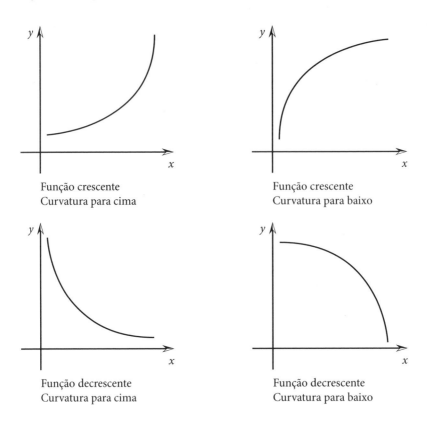

Função crescente
Curvatura para cima

Função crescente
Curvatura para baixo

Função decrescente
Curvatura para cima

Função decrescente
Curvatura para baixo

3 AS DERIVADAS E O ASPECTO DO MODELO FUNCIONAL

A derivada mede a tendência ao crescimento e ao decrescimento que uma função $y = f(x)$ apresenta em cada ponto x de seu domínio.

Nos intervalos em que a derivada apresentar valores positivos, a tendência será a de crescimento. A função é crescente.

Nos intervalos em que a derivada apresentar valores negativos, a tendência será a de decrescimento. A função é decrescente.

O aspecto curvatura do modelo também está relacionado com o comportamento das derivadas.

Se a tendência ao crescimento (medido pelo valor da derivada) aumenta com o aumento do valor de x, a curva tem concavidade voltada para cima.

Se a tendência ao crescimento (medido pelo valor da derivada) diminui com o aumento do valor de x, a curva tem concavidade voltada para baixo.

Estudo da Variação de Funções **135**

O crescimento ou decrescimento da tendência (derivada) pode ser medido também por meio de sua derivada, o que corresponde à 2ª derivada (derivada da função derivada) da função examinada.

Dessa forma, se $y = f(x)$ é o modelo funcional, então:

a. A primeira derivada $f'(x)$ avalia o crescimento ou decrescimento de $f(x)$.
b. A segunda derivada $f''(x)$ avalia o crescimento ou decrescimento de $f'(x)$, determinando, portanto, a concavidade de $f(x)$.

Os gráficos a seguir representam os modelos básicos e suas derivadas.

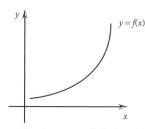

Função crescente: derivada positiva
Curvatura para cima: 2ª derivada positiva

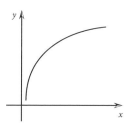

Função crescente: derivada positiva
Curvatura para baixo: 2ª derivada negativa

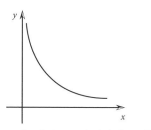

Função decrescente: derivada negativa
Curvatura para cima: 2ª derivada positiva

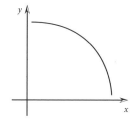

Função decrescente: derivada negativa
Curvatura para baixo: 2ª derivada negativa

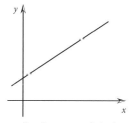

Função crescente: derivada positiva
Não apresenta curvatura: 2ª derivada nula

Exemplos: Faça um estudo de crescimento e concavidade para os modelos a seguir:

Exemplo 1:

$$y = 2x + 10, x \in \mathbb{R}$$

Solução:

a. Crescimento: $y' = 2$

A primeira derivada é positiva, o que indica que a função $y = 2x + 10$ é crescente.

b. Concavidade: $y''(x) = 0$

A segunda derivada é nula, o que indica que a função $y = 2x + 10$ não apresenta curvatura. O gráfico é uma reta.

Aspecto geral do modelo:

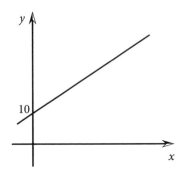

Exemplo 2:

$y = x^2 - 6x, x \in \mathbb{R}$

Solução:

a. Crescimento: $y' = 2x - 6$

Igualando a zero a primeira derivada e resolvendo a equação, obtemos:

$2x - 6 = 0$

$2x = 6$

$x = 3$

A primeira derivada é uma reta crescente que corta o eixo x no ponto $x = 3$.

```
          - - - - - - - 0 + + + + + + + + + +        sinal de y'
         ─────────────────┼──────────────────────
                          3                          x
```

A primeira derivada é positiva para $x > 3$, o que indica que a função $y = x^2 - 6x$ é crescente para $x \geq 3$.

A primeira derivada é negativa para $x < 3$, o que indica que a função $y = x^2 - 6x$ é decrescente para $x \leq 3$.

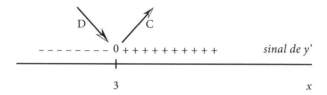

b. Concavidade: $y''(x) = 2$

A segunda derivada é positiva, o que indica que a função $y = x^2 - 6x$, $x \in R$ tem concavidade voltada para cima.

Aspecto geral do modelo:

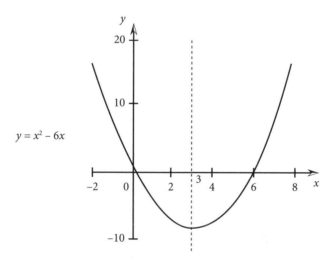

Exemplo 3:

$y = x^3 - 12x^2 + 6$, $x \in R$

Solução:

a. Crescimento: $y' = 3x^2 - 24x$

Igualando a zero a primeira derivada e resolvendo a equação, obtemos:

$$3x^2 - 24x = 0$$

$$x(3x-24) = 0 \Rightarrow \begin{cases} x = 0 \text{ ou} \\ 3x - 24 = 0 \end{cases} \Rightarrow \begin{cases} x = 0 \\ x = 8 \end{cases}$$

A primeira derivada é uma parábola com curvatura para cima que corta o eixo x nos pontos $x = 0$ e $x = 8$.

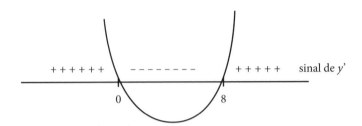

A primeira derivada é positiva para $x < 0$ ou $x > 8$, o que indica que a função $y = x^3 - 12x^2 + 6$ é crescente para $x \leq 0$ ou $x \geq 8$.

A primeira derivada é negativa para $0 < x < 8$, o que indica que a função $y = x^3 - 12x^2 + 6$ é decrescente para $0 \leq x \leq 8$.

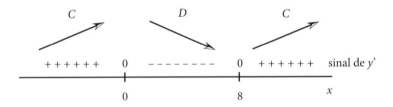

b. Concavidade: $y''(x) = 6x - 24$

Igualando a zero a segunda derivada e resolvendo a equação, obtemos:

$6x - 24 = 0$

$6x = 24$

$x = 4$

A segunda derivada é uma reta crescente que corta o eixo x no ponto $x = 4$.

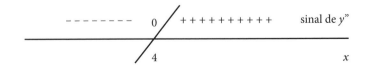

A segunda derivada é negativa para $x < 4$, o que indica que a função tem concavidade voltada para baixo para $x < 4$.

A segunda derivada é positiva para $x > 4$, o que indica que a função tem concavidade voltada para cima para $x > 4$.

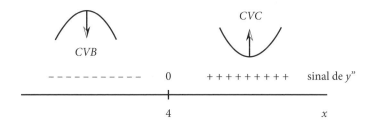

O aspecto geral do modelo é então:

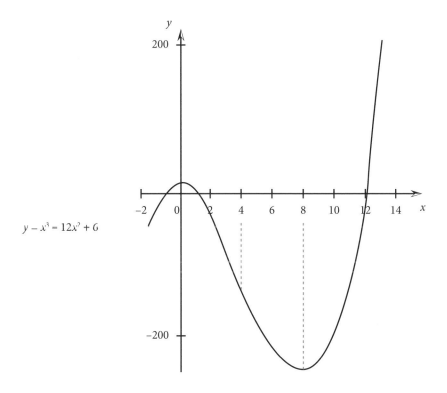

EXERCÍCIOS PROPOSTOS

1. Faça um estudo de crescimento e concavidade para os modelos a seguir:

    1.1 $y = 2x + 1$, $x \in R$

    1.2 $y = -3x + 6$, $x \in R$

    1.3 $y = 4 - 6x$, $x \in R$

    1.4 $y = x^2 + 10x$, $x \in R$

    1.5 $y = -x^2 + 12x + 8$, $x \in R$

    1.6 $y = 0,5x^2 - 6x + 4$, $x \in R$

    1.7 $y = \ln x$, $x > 0$

    1.8 $y = e^x$, $x \in R$

    1.9 $y = x^3 - 6x^2 + 20$, $x \in R$

    1.10 $y = 9 - x^2$, $x \in R$

2. A área de um quadrado pode ser estabelecida como função do lado do quadrado: $A = f(l)$.

    a. Quais os aspectos que devemos esperar para este modelo?

    b. Qual é o modelo funcional $A = f(l)$?

3. O preço de um produto depende da quantidade comercializada e é descrito pelo modelo funcional: $p = 10 - 0,01q$, $100 \leq q \leq 800$

    a. Com base no sinal das derivadas, como é o aspecto do gráfico desse modelo?

    b. Construir o modelo que descreve a receita em função da quantidade comercializada ($R = pq$).

    c. Com base no sinal das derivadas, como é o aspecto do gráfico da receita?

4. Examine cada um dos gráficos a seguir e conclua o sinal da primeira e da segunda derivadas.

4.1
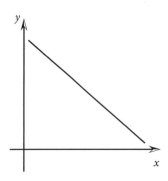

4.2
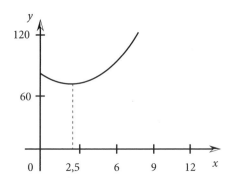

4.3
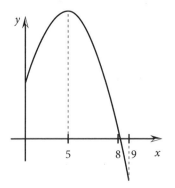

4.4
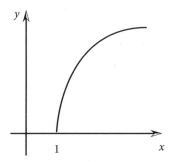

4.5

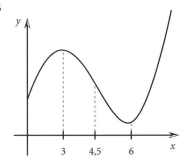

4.6

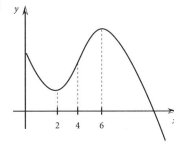

5. Seja $p = \dfrac{100}{q+5} - 2$, $5 \leq q \leq 20$, o modelo funcional que descreve o preço de um bem em função da quantidade comercializada.
   a. Mostre que a curva é decrescente.
   b. Mostre que a curva tem concavidade voltada para cima.

6. Resolva o problema anterior para $p = \dfrac{50}{q+10} - 1$, $5 \leq q \leq 10$.

7. Seja $p = \sqrt{100 - 2q}$, $20 \leq q \leq 40$ o modelo funcional que descreve o preço de um bem em função da quantidade comercializada.
   a. Mostre que a curva é decrescente.
   b. Mostre que a curva tem concavidade voltada para baixo.

Respostas

1. 1.1 Crescente; não tem concavidade.

   1.2 Decrescente; não tem concavidade.

   1.3 Decrescente; não tem concavidade.

   1.4 Decrescente para $x \leq -5$ e crescente para $x \geq -5$; CVC.

   1.5 Crescente para $x \leq 6$ e decrescente para $x \geq 6$; CVB.

   1.6 Decrescente para $x \leq 6$ e crescente para $x \geq 6$; CVC.

   1.7 Crescente; CVB.

   1.8 Crescente; CVC.

   1.9 Crescente para $x \leq 0$ ou $x \geq 4$ e decrescente para $0 \leq x \leq 4$; CVB para $x < 2$ e CVC para $x > 2$.

   1.10 Crescente para $x \leq 0$ e decrescente para $x \geq 0$; CVB.

2. a. Crescente para $l > 0$; CVC
   b. $A = l^2, l > 0$

3. a. Função decrescente; não tem concavidade.
   b. $R = 10q - 0{,}01q^2$, $100 \leq q \leq 800$
   c. Crescente para $0 \leq q \leq 500$ e decrescente para $500 \leq q \leq 800$; CVB.

4. 4.1 $y' < 0$ e $y'' = 0$

   4.2 $y' < 0$ para $0 < x < 2{,}5$ e $y' > 0$ para $x > 2{,}5$; $y'' > 0$

   4.3 $y' > 0$ para $0 < x < 5$ e $y' < 0$ para $5 < x < 9$; $y'' < 0$

   4.4 $y' > 0$ para $x > 1$ e $y'' < 0$ para $x > 1$

   4.5 $y' > 0$ para $0 < x < 3$ ou $x > 6$ e $y' < 0$ para $3 < x < 6$

   $y'' < 0$ para $0 < x < 4{,}5$ e $y'' > 0$ para $x > 4{,}5$

   4.6 $y' > 0$ para $2 < x < 6$ e $y' < 0$ para $0 < x < 2$ ou $x > 6$

   $y'' > 0$ para $0 < x < 4$ e $y'' < 0$ para $x > 4$

4 PONTOS CRÍTICOS DE UM MODELO FUNCIONAL

4.1 Generalidades

Uma das vantagens de representar um fenômeno por meio de um modelo funcional $y = f(x)$ é que podemos simular aspectos do fenômeno com o auxílio da variável explicativa.

Alguns pontos do modelo funcional são particularmente importantes, como os pontos de máximo e os pontos de mínimo. Esses pontos críticos geralmente representam objetivos a alcançar. Sua determinação sinaliza o caminho que devemos perseguir para que o fenômeno que estamos estudando apresente resultados compatíveis com os previstos pelo modelo próximo a esses pontos.

Conceitos

Um ponto P é um ponto de máximo se existir um intervalo I, centrado em P, no qual
$$f(P) \geq f(x)$$

Um ponto P é um ponto de mínimo se existir um intervalo I, centrado em P, no qual
$$f(P) \leq f(x)$$

Graficamente:

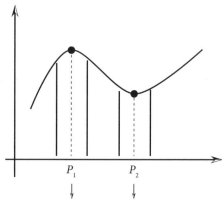

No ponto de máximo, a função atinge seu maior valor naquele intervalo.

No ponto de mínimo, a função atinge seu menor valor naquele intervalo.

Os conceitos de ponto de máximo e de ponto de mínimo aqui apresentados são conceitos de ponto de máximo e de ponto de mínimo locais, isto é, valem para as proximidades do ponto.

4.2 Relação entre os pontos críticos e as derivadas da função

Seja $y = f(x)$ uma função derivável.

Se a função é crescente à esquerda e decrescente à direita do ponto P (acompanhe na figura a seguir), então o ponto P é ponto de máximo.

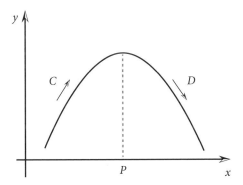

Isso significa que y' é positiva à esquerda de P e que y' é negativa à direita de P.

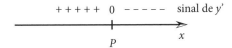

No ponto P, $y' = 0$.

Se a função é decrescente à esquerda e crescente à direita do ponto P (acompanhe na figura a seguir), então o ponto P é ponto de mínimo.

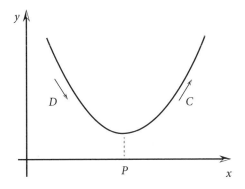

Isso significa que y' é negativa à esquerda de P e que y' é positiva à direita de P.

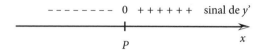

No ponto P, y' = 0.

Uma diferença básica entre os pontos de máximo e os pontos de mínimo apresentados, é que (observe as figuras anteriores):
- No ponto de máximo, a curva tem CVB $\Rightarrow$ y"(P) < 0
- No ponto de mínimo, a curva tem CVC $\Rightarrow$ y"(P) > 0

O sinal da segunda derivada pode identificar os pontos de máximo e os pontos de mínimo.

4.3 Critérios para a localização de pontos de máximo e de pontos de mínimo

4.3.1 Critério da primeira derivada

a. Identificação dos candidatos a pontos de máximo e a pontos de mínimo.
   - Calcular a primeira derivada.
   - Calcular os pontos que anulam a primeira derivada (identificando os candidatos).
b. Classificação do candidato.

   Se y' for negativa à esquerda de P e y' for positiva à direita de P, então p é um ponto de mínimo.

   Se y' for positiva à esquerda de P e y' for negativa à direita de P, então p é um ponto de máximo.

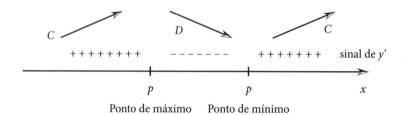

4.3.2 Critério da segunda derivada

a. Identificação dos candidatos a pontos de máximo e a pontos de mínimo.
   - Calcular a primeira derivada.
   - Calcular os pontos que anulam a primeira derivada (identificando os candidatos).
b. Classificação do candidato.
   - Calcular a segunda derivada.
   - Calcular o valor da segunda derivada no ponto candidato.

Se $y''(P) < 0$, a curva tem CVB. Portanto, P é um ponto de máximo.
Se $y''(P) > 0$, a curva tem CVC. Portanto, P é um ponto de mínimo.
Se $y''(P) = 0$, o teste é inconcludente.

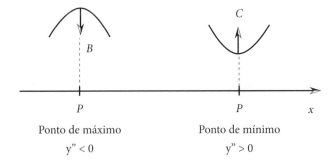

Ponto de máximo   Ponto de mínimo
   y'' < 0   y'' > 0

Usaremos em nossas aplicações o segundo critério. Apenas nos casos em que ele for inconcludente ou o cálculo da derivada segunda for muito trabalhoso, chamaremos a atenção para o fato e usaremos o primeiro critério.

Exemplos:

Calcular os pontos críticos das seguintes funções:

Exemplo 1:

$$y = x^2 - 6x + 2, \ x \in R$$

a. Identificação dos candidatos:
   $y' = 2x - 6$
   $y' = 0 \quad \Rightarrow \quad 2x - 6 = 0 \quad \Rightarrow \quad x = 3$
   O candidato é $x = 3$.
b. Classificação do candidato:
   $y'' = 2$
   $y''(3) = 2 > 0$
   A curva tem CVC, portanto $x = 3$ é ponto de mínimo.

Exemplo 2:

$$y = -x^2 + 5x, x \in R$$

a. Identificação dos candidatos:
$y' = -2x + 5$
$y' = 0 \quad \Rightarrow -2x + 5 = 0 \Rightarrow x = 2,5$
O candidato é $x = 2,5$.

b. Classificação do candidato:
$y'' = -2$
$y''(2,5) = -2 < 0$
A curva tem CVB, portanto $x = 2,5$ é ponto de máximo.

Exemplo 3:

$$y = x^3 - 6x^2 + 9x + 10, x \in R$$

a. Identificação dos candidatos:
$y' = 3x^2 - 12x + 9$
$y' = 0 \quad \Rightarrow \quad 3x^2 - 12x + 9 = 0$
Resolvendo a equação de 2º grau, identificamos os candidatos $x = 1$ e $x = 3$.

b. Classificação dos candidatos:

a. $x = 1$
$y'' = 6x - 12$
$y''(1) = 6(1) - 12 = -6 < 0$
A curva tem CVB, portanto $x = 1$ é ponto de máximo.

b. $x = 3$
$y'' = 6x - 12$
$y''(3) = 6(3) - 12 = 6 > 0$
A curva tem CVC, portanto $x = 3$ é ponto de mínimo.

Exemplo 4:

$$y = x^3 + 10, x \in R$$

a. Identificação dos candidatos:
$y' = 3x^2$
$y' = 0 \quad \Rightarrow \quad 3x^2 = 0$
Resolvendo a equação de 2º grau, identificamos o candidato $x = 0$.

b. Classificação do candidato:
$y'' = 6x$
$y''(0) = 6(0) = 0$

O segundo critério é inconcludente. Nessa circunstância, usaremos o primeiro critério para classificar o candidato $x = 0$.

Analisando o sinal da primeira derivada, verificamos que a função $y = x^3 + 10$ é crescente à esquerda e à direita de $x = 0$. Portanto $x = 0$ não é ponto de máximo, nem de mínimo.

Exemplo 5:

$$y = \frac{x^2}{2x+5}, \quad x \neq -\frac{5}{2}$$

a. Identificação dos candidatos:

Utilizando a regra da derivada de um quociente, obtemos:

$$y' = \frac{2x^2 + 10x}{(2x+5)^2}$$

Igualando a zero a primeira derivada, teremos:

$$\frac{2x^2 + 10x}{(2x+5)^2} = 0 \implies 2x^2 + 10x = 0$$

Resolvendo a equação de 2º grau, identificamos os candidatos $x = 0$ e $x = -5$.

b. Classificação dos candidatos:

Nesse caso, o cálculo da segunda derivada é trabalhoso, e o mais razoável é examinar o sinal da primeira derivada à esquerda e à direita de cada ponto.

Uma forma de descobrirmos o sinal da derivada é atribuir valores à variável x, à esquerda e à direita próximo deste ponto.

Para $x = -5$

à esquerda: $x = -5{,}1 \implies y' = \dfrac{2(-5{,}1)^2 + 10(-5{,}1)}{[2(-5{,}1)+5]^2} = 0{,}04$

à direita: $x = -4{,}9 \implies y' = \dfrac{2(-4{,}9)^2 + 10(-4{,}9)}{[2(-4{,}9)+5]^2} = -0{,}04$

A derivada é positiva à esquerda de $x = -5$ e negativa à direita de $x = -5$.

A função $y = \dfrac{x^2}{2x+5}$ é crescente à esquerda de $x = -5$ e decrescente à direita de $x = -5$.

Portanto, $x = -5$ é ponto de máximo.

Para $x = 0$

à esquerda: $x = -0{,}1 \implies y' = \dfrac{2(-0{,}1)^2 + 10(-0{,}1)}{[2(-0{,}1)+5]^2} = -0{,}04$

à direita: $x = 0{,}1 \implies y' = \dfrac{2(0{,}1)^2 + 10(0{,}1)}{[2(0{,}1)+5]^2} = 0{,}04$

A derivada é negativa à esquerda de x = 0 e positiva à direita de x = 0.

A função $y = \dfrac{x^2}{2x+5}$ é decrescente à esquerda de $x = 0$ e crescente à direita de $x = 0$.

Portanto, $x = 0$ é ponto de mínimo.

EXERCÍCIOS PROPOSTOS

Determinar os pontos críticos das funções:

1. $y = 3x + 4$, $\quad x \in R$
2. $y = 1 - 2x$, $\quad x \in R$
3. $y = x^2 + 1$, $\quad x \in R$
4. $y = 16 - x^2$, $\quad x \in R$
5. $y = 2x^2 - 10x + 4$, $\quad x \in R$
6. $y = -x^2 + 6x - 2$, $\quad x \in R$
7. $y = \dfrac{1}{x}$, $\quad x \neq 0$
8. $y = 2x^3 - x^2$, $\quad x \in R$
9. $y = \dfrac{x}{x^2 + 1}$, $\quad x \in R$
10. $y = \ln x$, $\quad x > 0$
11. $y = x^3 - 12x + 120$, $\quad x \in R$
12. $y = x^3 + 2x$, $\quad x \in R$
13. $y = \dfrac{2x^2}{x+1}$, $\quad x \neq -1$
14. $y = \dfrac{-1}{3}x^3 + 7x^2 - 48x + 2$, $\quad x \in R$
15. $y = \dfrac{1}{3}x^3 - 5x^2 + 21x - 3$, $\quad x \in R$

Respostas

1. A função não tem ponto de máximo nem ponto de mínimo.
2. A função não tem ponto de máximo nem ponto de mínimo.
3. $x = 0$ é ponto de mínimo.
4. $x = 0$ é ponto de máximo.
5. $x = 2{,}5$ é ponto de mínimo.
6. $x = 3$ é ponto de máximo.
7. A função não tem ponto de máximo nem ponto de mínimo.

8. $x = 0$ é ponto de máximo e $x = \dfrac{1}{3}$ é ponto de mínimo.
9. $x = -1$ é ponto de mínimo e $x = 1$ é ponto de máximo.
10. A função não tem ponto de máximo nem ponto de mínimo.
11. $x = -2$ é ponto de máximo e $x = 2$ é ponto de mínimo.
12. A função não tem ponto e máximo nem ponto de mínimo.
13. $x = -2$ é ponto de máximo e $x = 0$ é ponto de mínimo.
14. $x = 6$ é ponto de mínimo e $x = 8$ é ponto de máximo.
15. $x = 3$ é ponto de máximo e $x = 7$ é ponto de mínimo.

4.4 Exemplos e exercícios de aplicação

Exemplo 1 de aplicação:

Determinar as dimensões de um retângulo de área máxima, a ser construído com um arame de 100 cm de comprimento.

Solução:

Representando por x o comprimento da base do retângulo e por h o comprimento da altura do retângulo, a área A do retângulo será dada por:

$$A = x \cdot h$$

Como a soma dos lados é 100 cm, então:

$$2x + 2h = 100 \text{ ou } 2(x + h) = 100 \Rightarrow x + h = 50 \text{ ou } h = 50 - x$$

Substituindo h na equação da área, obtém-se a área do retângulo em função do comprimento de sua base:

$$A = x \cdot (50 - x) \text{ ou } A = 50x - x^2$$

Estamos interessados em determinar o ponto de máximo dessa função. Aplicando o segundo critério:

a. Identificação do candidato a ponto de máximo ou ponto de mínimo

$$A' = 50 - 2x$$

Fazendo $A' = 0$, obtemos:

$$50 - 2x = 0 \text{ ou } x = 25$$

b. Classificação do candidato:

$$A'' = -2 \Rightarrow A''(25) = -2 < 0$$

A função $A = 50x - x^2$ tem CVB, o que indica que $x = 25$ é ponto de máximo.

Como $h = 50 - x$, substituindo o valor de x por 25, obtemos: $h = 25$.

O retângulo de área máxima é um quadrado de lado 25 cm, cuja área é 625 cm^2.

EXERCÍCIOS DE APLICAÇÃO

1. O produto de dois números positivos é 400. Identificar esses números, sabendo-se que a soma deles é a menor possível.

2. A soma de dois números é 80. Determinar esses números, sabendo-se que o produto deles é o maior possível.

3. A diferença de dois números é 20. Determinar esses números, sabendo-se que o produto deles é o menor possível.

4. Determinar o número real cuja diferença entre ele e seu quadrado seja máxima.

5. Determinar as dimensões de um retângulo de área máxima, a ser construído com um arame de 40 cm de comprimento.

6. Determinar as dimensões de um retângulo de área 9 cm^2, que pode ser construído com um arame de menor comprimento possível.

7. Queremos construir uma caixa de base quadrada, sem tampa, que comporte o volume de 500 cm^2 e que use a menor quantidade possível de material. Quais são suas dimensões?

Respostas

1. $x = 20$ e $y = 20$
2. $x = 40$ e $y = 40$
3. $x = 10$ e $y = -10$
4. $x = 0,5$
5. base = altura = 10 cm
6. base = altura = 3 cm
7. base = 10 cm e altura = 5 cm

Exemplo 2 de aplicação:

Uma empresa tem acompanhado a resposta do mercado para diversas quantidades oferecidas de um produto, e chegou à conclusão de que o preço evolui com a quantidade oferecida, segundo o modelo: $p = 100 - 0,2q$, $200 \leq q \leq 300$.

Que quantidade deverá ser oferecida ao mercado para que a receita seja máxima?

Solução:

A receita R, obtida pela venda de uma quantidade q de um produto a um preço p, é dada pela equação:

$$R = pq$$

Substituindo nessa equação o valor de p, obtemos:
$R = (100 - 0,2q)q$ ou
$R = 100q - 0,2q^2$

a. Identificação dos candidatos:
   $R' = 100 - 0,4q$
   Fazendo $R' = 0$, obtemos: $100 - 0,4q = 0 \Rightarrow q = 250$

b. Classificação do candidato:
   $R'' = -0,4 \Rightarrow R''(250) = -0,4 < 0$

A função $R = 100q - 0,2q^2$ tem CVB, o que indica que $x = 250$ é ponto de máximo.

Esta é a quantidade que deveria ser oferecida ao mercado.

EXERCÍCIOS DE APLICAÇÃO

1. Se o preço de mercado de um produto relaciona-se com a quantidade segundo a equação $p = 50 - 5q$, $3 \leq q \leq 8$, qual a quantidade a oferecer para o mercado para que a receita de vendas seja a maior possível?

2. Se o preço de mercado de um produto relaciona-se com a quantidade segundo a equação $p = 80 - 0,02q$, $1.000 \leq q \leq 3.000$, qual a quantidade a oferecer para o mercado para que a receita de vendas seja a maior possível?

3. Uma grande empresa que controla a oferta de um bem verifica que a demanda desse bem depende do preço por ela fixado, segundo a equação $q = 40 - 0,25p$, $70 \leq p \leq 85$. Qual preço deve ser fixado pela empresa para garantir a máxima receita de vendas?

4. A demanda de um produto é expressa pela equação $q = 20 - 0,2p^2$, $5 \leq p \leq 6$. Qual preço deve ser praticado pelo fornecedor para que a receita seja máxima?

5. A demanda de um produto relaciona o preço de venda e a quantidade procurada pelo mercado segundo a relação $q = 10.000 - 200p$, $20 \leq p \leq 30$.

    a. Expresse, a partir dessa relação, o preço em função da quantidade.

    b. Qual a quantidade procurada que maximiza a receita do produtor?

Respostas

1. $q = 5$
2. $q = 2.000$
3. $p = 80$
4. $p = 5,77$
5. a. $p = 50 - 0,005q$, $4.000 \leq q \leq 6.000$
   b. $q = 5.000$

Exemplo 3 de aplicação:

Uma empresa tem acompanhado o custo devido à produção e à comercialização de q unidades de seu produto e concluiu que um modelo que descreve aproximadamente o comportamento do custo em função da quantidade produzida é $C = q^3 - 2.650q + 1.000$ para $0 < q < 45$ unidades. Se a empresa vende a unidade de seu produto a R$ 50,00, qual é a quantidade que deve ser comercializada para ter lucro máximo?

Solução:

A receita de empresa é expressa por $R = pq$; portanto, $R = 50q$.

O lucro devido à produção e à comercialização das q unidades é $L = R - C$; portanto, $L = 50q - (q^3 - 2.650q + 1.000)$ ou $L = -q^3 + 2.700q - 1.000$.

a. Identificação do candidato:

   $L' = -3q^2 + 2.700$.

   Fazendo $L' = 0$, obtemos: $-3q^2 + 2.700 = 0$.

   Resolvendo a equação, obtemos $q = 30$.

b. Classificação do candidato:

   $L'' = -6q \Rightarrow L''(30) = -180 < 0$

A curva tem concavidade voltada para baixo, o que permite concluir que $q = 30$ é ponto de máximo da função lucro.

EXERCÍCIOS DE APLICAÇÃO

1. Se o custo de produção de um bem é dado por $C = q^3 - 6q^2 + 14q + 1.000$, $5 \leq q \leq 10$ e o preço unitário de venda é R$ 77,00, determinar a produção que maximize o lucro da empresa devido à comercialização desse produto.

2. Se o custo total da produção de um bem é dado por $C = 4q + 20$, $7 \leq q \leq 10$ e a demanda é dada por $p = 40 - 2q$, $7 \leq q \leq 10$, determinar a produção que maximiza o lucro da empresa e o lucro máximo correspondente.

3. Se o custo total da produção de um bem é dado por $C = 5q + 30$, $4 \leq q \leq 8$, e a demanda é dada por $p = 55 - 5q$, $4 \leq q \leq 8$, determine a produção que maximiza o lucro da empresa e o lucro máximo correspondente.

4. Se o custo total da produção de um bem é dado por

$$C = \frac{1}{30}q^2 + 3q + 150, \; 15 \leq q \leq 30$$ e a demanda

é dada por $q = 60 - 3p$, $10 \leq p \leq 15$, determinar a produção que maximiza a receita líquida e a receita líquida correspondente.

5. Se o custo total da produção de um bem é dado por $C = 4q^3 - 40q^2 + 200q + 1.000$, $5 \leq q \leq 10$, e o preço de venda é R$ 328,00, determine a produção que maximiza o lucro da empresa e o lucro máximo correspondente em razão da venda desse produto.

Respostas

1. $q = 7$
2. $q = 9$ e $L = $ R$ 142,00
3. $q = 5$ e $L = $ R$ 95,00
4. $q = 23,18$ e $L = $ R$ 47,05
5. $q = 8$ e $L = $ R$ 536,00

Exemplo 4:

Um dos parâmetros de custo em uma empresa é o custo médio por unidade produzida. Um objetivo a ser perseguido é encontrar a quantidade a ser produzida dentro de determinadas condições, de tal forma que o custo médio de produção seja o menor possível.

Suponha que o custo de produção de um bem em uma empresa possa ser descrito pela equação $C = q^2 - 50q + 2.500$, $40 \leq q \leq 80$. Calcule:

a) a quantidade q a ser produzida para que o custo médio de produção seja mínimo;

b) o custo marginal associado (derivada do custo total)

Solução:

a) O custo médio $\overline{C}$ por unidade produzida é o quociente entre o custo de produção C e a quantidade produzida q.

$$\overline{C} = \frac{C}{q} = \frac{q^2 - 50q + 2.500}{q}$$

Identificação do candidato:

Utilizando a regra da divisão, obtemos:

$$\overline{C}' = \frac{q^2 - 2.500}{q^2}$$

Fazendo $\overline{C}' = 0 \Rightarrow q^2 - 2.500 = 0 \Rightarrow q = 50$

Classificação do candidato:

A análise de sinal de $\overline{C}'$ resume-se à análise de sinal da expressão $q^2 - 2.500$, uma vez que o denominador q^2 é sempre positivo.

```
    +++ 0  ---- 0 +++
  ──┼──────────┼────── q   sinal de C̄'
   -50         50
```

$\overline{C}'$ é decrescente à esquerda de $q = 50$ e crescente à direita de $q = 50$.

Portanto, $q = 50$ é um ponto de mínimo de $\overline{C}'$.

b) Custo marginal: $C_{mg} = (C_T)' = (q^2 - 50q + 2.500)'$
$= 2q - 50$, $40 \leq q \leq 80$.

EXERCÍCIOS DE APLICAÇÃO

1. O custo total de produção de um bem é descrito pela forma funcional $C = q^2 + 2q + 100$, $8 \leq q \leq 15$ em que q representa a quantidade produzida.

   a. Determine o custo marginal associado.
   b. Determine o custo médio associado.
   c. Mostre que $q = 10$ corresponde ao menor custo médio.
   d. Mostre que para $q = 10$ o custo médio é igual ao custo marginal.

2. Seja $C = 100 \times e^{q/2}$, $1 \leq q \leq 10$ o custo total de produção de determinado bem. Mostre que no ponto de mínimo do custo médio, o custo médio é igual ao custo marginal.

3. Resolver o problema anterior para $C = q^2 + 20q + 64$, $5 \leq q \leq 10$.

4. Resolver o problema anterior para $C = \dfrac{1}{2}q^2 - 5q + 32$, $6 \leq q \leq 10$.

Respostas

1. a. $C' = 2q + 2$
   b. $\overline{C} = \dfrac{q^2 + 2q + 100}{q}$
   c. $C'(10) = \overline{C}(10) = 22$

2. $C'(2) = \overline{C}(2) = 50e$
3. $C'(8) = \overline{C}(8) = 36$
4. $C'(8) = \overline{C}(8) = 3$

Integral de Riemann 5

O Cálculo Integral que passamos a estudar é motivado, em princípio, pelo problema de calcular a área de uma figura com pelo menos um lado curvo.

Área = ?

Entretanto, um resultado importante, o Teorema Fundamental do Cálculo Integral acaba ligando o problema do cálculo dessa área à derivada que estudamos anteriormente. Basicamente, o que vamos procurar aqui é uma antiderivada, isto é, uma função que tem como derivada a função que estamos estudando.

Função que temos (a derivada): $F(x) = 2x$

Função que procuramos (a antiderivada): $G(x) = x^2$

Como já mencionamos anteriormente, ao procurar um modelo algébrico que se comporte como um sistema que queremos estudar, o que podemos observar e medir desse sistema é geralmente a sua variação. Desta forma, podemos obter não o modelo do sistema, mas a sua derivada (a medida da sua variação). A partir dessa derivada é que encontramos o modelo que procuramos.

1 GENERALIDADES

Seja f uma função definida em um intervalo $[a, b]$, com a seguinte representação gráfica:

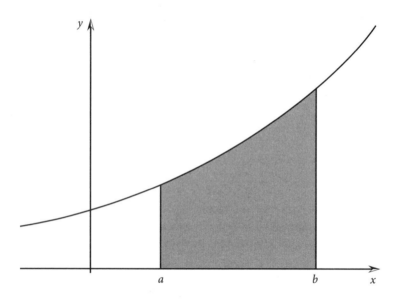

O cálculo da área da figura formada pela curva e pelo eixo x no intervalo $[a, b]$ é um desafio, em razão da curvatura do lado superior que corresponde ao gráfico da função.

Um modo aproximado de calcular essa área é dividir o intervalo [a, b] em pequenos intervalos. Em cada um desses pequenos intervalos, marcar um ponto p e, a partir dele, tomar a altura até o gráfico da função.

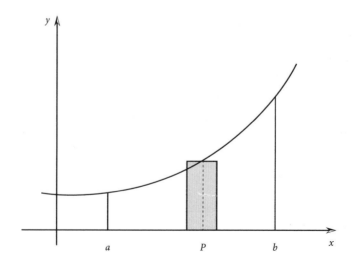

O retângulo com base no intervalo e altura construída a partir do ponto p tem área que pode ser calculada da seguinte forma:

Base: Δx, comprimento do intervalo parcial.

Altura: $h = f(P)$, altura do gráfico a partir do ponto P.

Área $= f(P) \times \Delta x$

A área desse retângulo é uma aproximação da área sob a curva e o eixo x nesse intervalo. É intuitivo que quanto menor a base Δx, menor será a diferença entre a área do retângulo e a área sob a curva correspondente ao mesmo intervalo.

Construindo retângulos em todos os pequenos intervalos em que ficou dividido o intervalo $[a, b]$, e somando suas áreas, obtemos um valor aproximado da área da figura formada pela curva e o eixo x no intervalo $[a, b]$.

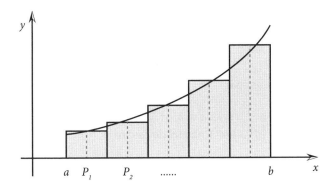

Soma das áreas $= f(P_1) \cdot \Delta x_1 + f(P_2) \cdot \Delta x_2 + \ldots + f(P_n) \cdot \Delta x_n$

Parece razoável afirmar que, à medida que aumentamos o número de retângulos diminuindo suas bases, a diferença entre a soma das áreas dos retângulos e a área sob a curva diminui.

Esse foi o raciocínio empregado quando apresentamos o conceito de limite. Considerando o número n de divisões crescendo ($n \to \infty$), e as bases dos retângulos diminuindo (max $\Delta x \to 0$), podemos esperar que:

$$\lim (\text{Soma das áreas dos retângulos} - \text{Área sob a curva}) = 0$$
$$n \to \infty \text{ e max } \Delta x \to 0$$

2 DEFINIÇÃO

Seja f uma função contínua no intervalo $[a, b]$ e $a = x_0 < x_1 < x_2 < \ldots < x_n = b$, a subdivisão do intervalo $[a, b]$ em intervalos parciais. Em cada um desses intervalos parciais, escolhemos um ponto p.

A soma:

$$\sum_{i=1}^{n} f(p_i) \cdot \Delta x_i = f(p_1) \cdot \Delta x_1 + f(p_2) \cdot \Delta x_2 + \ldots + f(p_n) \cdot \Delta x_n$$

recebe o nome de Soma de Riemann da função f sobre o intervalo $[a, b]$ para a divisão adotada e para a escolha dos pontos p em cada intervalo.

O limite:

$$\lim \sum_{i=1}^{n} f(p_i) \cdot \Delta x_i$$

$n \to \infty$ e max $\Delta x \to 0$

se for um número real, recebe o nome de Integral de Riemann ou Integral Definida da função f sobre o intervalo $[a, b]$.

Esse número será indicado por:

$$\int_{a}^{b} f(x)dx \quad \text{(integral de } f \text{ sobre [a, b])}$$

Se f é uma função não negativa no intervalo $[a, b]$, o número dado pela integral de f sobre esse intervalo é a área definida pela curva e o eixo x no intervalo.

$$\text{Área} = \int_{a}^{b} f(x)dx \qquad \text{se } f(x) \geq 0 \text{ em } [a,b]$$

3 CÁLCULO DA INTEGRAL DEFINIDA

Na prática, a integral de f sobre $[a, b]$ não é calculada usando-se a definição, pois, a não ser em casos particulares, a determinação do limite da soma de Riemann é muito difícil. Existe uma forma prática para este cálculo, baseado no conceito de primitiva de uma função.

Antes de apresentarmos esta forma, precisamos conhecer as primitivas das funções.

4 PRIMITIVA DE UMA FUNÇÃO

Seja F uma função derivável em um intervalo aberto I. Chamando de f sua derivada, podemos escrever, para todo ponto x do intervalo I:

$$F'(x) = f(x), x \in I$$

A função F é chamada primitiva de f no intervalo I.

Por outro lado, se F é uma primitiva de f, a função $F + C$, em que C é um número real qualquer, também é primitiva de f, pois

$$(F + C)' = F' + C' = F' + 0 = f \text{ para todo } x \in I$$

Exemplos:

Dado $y = f(x)$, calcular sua primitiva $F(x)$.

Exemplo 1:

Seja $y = 5$, $x \in R$

A função $F(x) = 5x$ é uma primitiva de f, pois: $F'(x) = (5x)' = 5$

A função $F(x) = 5x + 10$ é uma primitiva de f, pois: $F'(x) = (5x + 10)' = 5$

A função $F(x) = 5x - 4$ é uma primitiva de f, pois: $F'(x) = (5x - 4)' = 5$

A função $F(x) = 5x + C$ é uma primitiva de f, pois: $F'(x) = (5x + C)' = 5$, qualquer que seja o número C.

Exemplo 2:

Seja $y = 4x$

A função $F(x) = 2x^2$ é uma primitiva de f, pois: $F'(x) = (2x^2)' = 4x$

A função $F(x) = 2x^2 + 8$ é uma primitiva de f, pois: $F'(x) = (2x^2 + 8)' = 4x$

A função $F(x) = 2x^2 - 0{,}7$ é uma primitiva de f, pois: $F'(x) = (2x^2 - 0{,}7)' = 4x$

A função $F(x) = 2x^2 + C$ é uma primitiva de f, pois: $F'(x) = (2x^2 + C)' = 4x$, para todo $C \in R$.

Exemplo 3:

Seja $y = 3x^2 + 5$

A função $F(x) = x^3 + 5x$ é uma primitiva de f, pois

$$F'(x) = (x^3 + 5x)' = (x^3)' + (5x)' = 3x^2 + 5$$

A função $F(x) = x^3 + 5x - 20$ é uma primitiva de f, pois
$$F'(x) = (x^3 + 5x - 20)' = (x^3)' + (5x)' + (20)' = 3x^2 + 5$$

A função $F(x) = x^3 + 5x + C$ é uma primitiva de f, pois

$$F'(x) = (x^3 + 5x + C)' = (x^3)' + (5x)' + C' = 3x^2 + 5 \text{ para todo } C \in R$$

5 INTEGRAL INDEFINIDA DE y = f(x)

Se F é uma primitiva de f, o conjunto das funções obtidas a partir da primitiva F, adicionando uma constante qualquer, forma o conjunto de todas as primtivas de f.

Esse conjunto, representado por $F + C$, é chamado integral indefinida de f, e escreve-se:

$$\int f(x)dx = F(x) + C$$

Exemplos

Calcular a integral indefinida das funções.

Exemplo 1:

$$y = 4x + 5, x \in R$$

A função $F(x) = 2x^2 + 5x$, $x \in R$, é uma primitiva de f, pois:

$$F'(x) = (2x^2 + 5x)' = 4x + 5$$

O conjunto de todas as primitivas de f será, portanto,

$$\int (4x+5)dx = 2x^2 + 5x + C,$$

em que C é um número real qualquer.

Exemplo 2:

$$y = e^x + 3, x \in R$$

A função $F(x) = e^x + 3x$, $x \in R$, é uma primitiva de f, pois:

$$F'(x) = (e^x + 3x)' = e^x + 3$$

O conjunto de todas as primitivas de f será, portanto, $\int (e^x + 3)dx = e^x + 3x + C,$ em que C é um número real qualquer.

Exemplo 3:

$$y = \frac{1}{x} - 2, x \neq 0$$

A função $F(x) = \ln|x| - 2x$, $x \neq 0$, é uma primitiva de f, pois:

$$F'(x) = (\ln|x| - 2x)' = \frac{1}{x} - 2, x \neq 0$$

O conjunto de todas as primitivas de f será, portanto,

$$\int \left(\frac{1}{x} - 2\right) dx = \ln |x| - 2x + C, x \neq 0$$

em que C é um número real qualquer.

6 CÁLCULO DA INTEGRAL INDEFINIDA

O cálculo da primitiva de uma função e consequentemente de sua integral indefinida, tem como base as propriedades e as fórmulas apresentadas nas derivadas das funções.

6.1 Fórmulas básicas de integração

Sejam f e g funções que tenham primitivas.

Propriedade 1 – P1:

A integral da soma ou da diferença de duas funções é a soma ou diferença das integrais dessas funções.

$$\int (f \pm g)(x) dx = \int f(x) dx \pm \int g(x) dx$$

Propriedade 2 – P2:

A integral do produto de uma constante k por uma função é o produto da constante pela integral da função.

$$\int (k \cdot f)(x) dx = k \cdot \int f(x) dx$$

Fórmula 1 – F1:

Integral da potência $y = x^\alpha$, $\alpha \neq -1$

$$\int x^\alpha dx = \frac{x^{\alpha+1}}{\alpha+1} + C \text{, válido para } \alpha \neq -1$$

Fórmula 2 – F2:

Integral da constante $y = k$

$$\int k \, dx = k x + C$$

As propriedades *P1* e *P2* são baseadas nas propriedades análogas das derivadas. As fórmulas *F1* e *F2* podem ser comprovadas derivando-se o lado direito como fizemos nos exemplos anteriores.

Vamos usar essas regras e propriedades.

Exemplos

Calcular as integrais indefinidas das funções, usando *P1*, *P2*, *F1* e *F2*:

Exemplo 1:

$$\int 3\,dx$$

Usando a fórmula *F2*: $\int 3\,dx = 3x + C$

Exemplo 2:

$$\int -5\,dx$$

Usando a fórmula *F2*: $\int -5\,dx = -5x + C$

Exemplo 3:

$$\int x\,dx$$

Usando a fórmula *F1*: $\int x\,dx = \dfrac{x^{1+1}}{1+1} + C = \dfrac{x^2}{2} + C$

Exemplo 4:

$$\int x^2\,dx$$

Usando a fórmula *F1*: $\int x^2\,dx = \dfrac{x^{2+1}}{2+1} + C = \dfrac{x^3}{3} + C$

Exemplo 5:

$$\int \sqrt{x}\,dx$$

Usando a fórmula *F1*: $\int \sqrt{x}\,dx = \int x^{\frac{1}{2}}\,dx = \dfrac{x^{\frac{1}{2}+1}}{\frac{1}{2}+1} + C - \dfrac{2}{3}x^{\frac{3}{2}} + C$

Integral de Riemann **163**

Exemplo 6:
$$\int x^{-3} dx$$

Usando a fórmula *F1*: $\int x^{-3} dx = \dfrac{x^{-3+1}}{-3+1} + C = \dfrac{x^{-2}}{-2} + C = -\dfrac{1}{2x^2} + C$

Exemplo 7:
$$\int \dfrac{1}{x^2} dx$$

Usando a fórmula *F1*: $\int \dfrac{1}{x^2} dx = \int x^{-2} dx = \dfrac{x^{-2+1}}{-2+1} + C = \dfrac{x^{-1}}{-1} + C = -\dfrac{1}{x} + C$

Exemplo 8:
$$\int \left(x^3 + x^2 \right) dx$$

Usando a propriedade *P1*: $\int \left(x^3 + x^2 \right) dx = \int x^3 dx + \int x^2 dx$

Usando a fórmula *F1*: $\int \left(x^3 + x^2 \right) dx = \dfrac{x^4}{4} + \dfrac{x^3}{3} + C$

Exemplo 9:
$$\int \left(x^2 + x + 4 \right) dx$$

Usando a propriedade *P1*: $\int \left(x^2 + x + 4 \right) dx = \int x^2 dx + \int x dx + \int 4 dx$

Usando as fórmulas *F1* e *F2*: $\int \left(x^2 + x + 4 \right) dx = \dfrac{x^3}{3} + \dfrac{x^2}{2} + 4x + C$

Exemplo 10:
$$\int \left(3x^4 - 2x^2 + 5 \right) dx$$

Usando a propriedade *P1*: $\int \left(3x^4 - 2x^2 + 5 \right) dx = \int 3x^4 dx + \int -2x^2 dx + \int 5 dx$

Usando a propriedade P2: $\int(3x^4 - 2x^2 + 5)dx = 3\int x^4 dx - 2\int x^2 dx + \int 5 dx$

Usando as fórmulas F1 e F2:

$$\int(3x^4 - 2x^2 + 5)dx = 3\frac{x^5}{5} - 2\frac{x^3}{3} + 5x + C = \frac{3}{5}x^5 - \frac{2}{3}x^3 + 5x + C$$

Exemplo 11:

$$\int\left(\frac{x^2}{5} - \frac{3}{4}x + 9\right)dx$$

Usando a propriedade P1: $\int\left(\frac{x^2}{5} - \frac{3}{4}x + 9\right)dx = \int\frac{x^2}{5}dx - \int\frac{3}{4}x\,dx + \int 9\,dx$

Usando a propriedade P2: $\int\left(\frac{x^2}{5} - \frac{3}{4}x + 9\right)dx = \frac{1}{5}\int x^2 dx - \frac{3}{4}\int x\,dx + \int 9\,dx$

Usando a propriedade F1 e F2:

$$\int\left(\frac{x^2}{5} - \frac{3}{4}x + 9\right)dx = \frac{1}{5}\frac{x_2}{3} - \frac{3}{4}\frac{x^2}{2} + 9x + C = \frac{1}{15}x^3 - \frac{3}{8}x^2 + 9x + C$$

EXERCÍCIOS PROPOSTOS

Calcular as integrais indefinidas:

1. $\int 4\,dx$

2. $\int -6\,dx$

3. $\int 0,5\,dx$

4. $\int \frac{3}{4}dx$

5. $\int(x^2 - x)dx$

6. $\int 10x^4 dx$

7. $\int \frac{2}{3}x^2 dx$

8. $\int 0,25x\,dx$

9. $\int -2,40x^3 dx$

10. $\int(x^2 - 5x + 4)dx$

11. $\int(6x^2 + 3x - 7)dx$

12. $\int \left(\dfrac{x^5}{4} + \dfrac{x^2}{3} + x \right) dx$

13. $\int \left(x^4 + \dfrac{1}{4}x^2 + 1 \right) dx$

14. $\int \left(-x^3 + \dfrac{1}{5}x^5 \right) dx$

15. $\int (x^3 + x^2 + x + 1) dx$

16. $\int \left(\dfrac{1}{8}x^3 - \dfrac{1}{5}x^2 + 10 \right) dx$

17. $\int (-4 + x^3 + x^4) dx$

18. $\int \left(\dfrac{1}{2}x^7 - \dfrac{2}{3}x \right) dx$

19. $\int \left(\dfrac{x^3 - 2x^2 + 4}{5} \right) dx$

20. $\int \left(\sqrt{x} + \dfrac{2}{3}x - 1 \right) dx$

Respostas

1. $4x + C$
2. $-6x + C$
3. $\dfrac{1}{2}x + C$
4. $\dfrac{3}{4}x + C$
5. $\dfrac{x^3}{3} - \dfrac{x^2}{2} + C$
6. $2x^5 + C$
7. $\dfrac{2}{9}x^3 + C$
8. $0{,}125x^2 + C$
9. $-0{,}60x^4 + C$
10. $\dfrac{x^3}{x} - \dfrac{5}{2}x^2 + 4x + C$
11. $2x^3 + \dfrac{3}{2x^2} - 7x + C$

12. $\dfrac{x^6}{24} + \dfrac{x^3}{9} + \dfrac{x^2}{2} + C$

13. $\dfrac{x^5}{5} + \dfrac{x^3}{12} + x + C$

14. $-\dfrac{x^4}{4} + \dfrac{1}{30}x^6 + C$

15. $\dfrac{x^4}{4} + \dfrac{x^3}{3} + \dfrac{x^2}{2} + x + C$

16. $\dfrac{1}{32}x^4 - \dfrac{1}{15}x^3 + 10x + C$

17. $-4x + \dfrac{x^4}{4} + \dfrac{x^5}{5} + C$

18. $\dfrac{1}{16}x^8 - \dfrac{1}{3}x^2 + C$

19. $\dfrac{x^4}{20} + \dfrac{2}{15}x^3 + \dfrac{4}{5}x + C$

20. $\dfrac{2}{3}x^{\frac{3}{2}} + \dfrac{1}{3}x^2 - x + C$

6.2 Outras fórmulas de integração

F3. $\quad \int \dfrac{1}{x} dx = \ln|x| + C$

F4. $\quad \int e^x dx = e^x + C$

F5. $\quad \int a^x dx = \dfrac{a^x}{\ln a} + C$

F6. $\quad \int \operatorname{sen} x\, dx = -\cos x + C$

F7. $\quad \int \cos x\, dx = \operatorname{sen} x + C$

Exemplos

Calcular as integrais indefinidas:

Exemplo 1:

$$\int \dfrac{3}{x} dx$$

Usando P2: $\int \dfrac{3}{x} dx = 3\int \dfrac{1}{x} dx$

Usando F3: $3\int \dfrac{1}{x} dx = 3.\ln|x| + C$

Exemplo 2:

$$\int \left(e^x + \operatorname{sen} x\right) dx$$

Usando P1: $\int \left(e^x + \operatorname{sen} x\right) dx = \int e^x dx + \int \operatorname{sen} x\, dx$

Usando F4 e F6: $\int \left(e^x + \operatorname{sen} x\right) dx = e^x - \cos x + C$

Exemplo 3:

$$\int (3x^2 + 4e^x)dx$$

Usando P1: $\int (3x^2 + 4e^x)dx = \int 3x^2 dx + \int 4e^x dx$

Usando P2: $= 3\int x^2 dx + 4\int e^x dx$

Usando F1 e F4: $-3\dfrac{x^3}{3} + 4e^x + C = x^3 + 4e^x + C$

EXERCÍCIOS PROPOSTOS

Calcular as integrais indefinidas:

1. $\int 2e^x dx$
2. $\int 3\operatorname{sen} x\, dx$
3. $\int 5^x dx$
4. $\int 2^x dx$
5. $\int (3x - 2\cos x)dx$
6. $\int (3^x + 4x - 1)dx$
7. $\int 5\dfrac{1}{x}dx$
8. $\int \left(3e^x + \dfrac{1}{x}\right)dx$
9. $\int \left(\dfrac{3}{x} + 2x + 4\right)dx$
10. $\int (2\cos x - \operatorname{sen} x + 2{,}45)dx$
11. $\int \left(\dfrac{x^2 + 3e^x}{5}\right)dx$
12. $\int (1 - 2\cos x)dx$
13. $\int \left(5 + \dfrac{2}{x}\right)dx$
14. $\int \dfrac{2^x - 10x}{4}dx$
15. $\int (6x - 3^x)dx$

Respostas

1. $2e^x + C$
2. $-3\cos x + C$
3. $\dfrac{5^x}{\ln 5} + C$
4. $\dfrac{2^x}{\ln 2} + C$
5. $\dfrac{3x^2}{2} - 2\operatorname{sen} x + C$

6. $\dfrac{3^x}{\ln 3} + 2x^2 - x + C$

7. $5\ln|x| + C$

8. $3e^x + \ln|x| + C$

9. $3\ln|x| + x^2 + 4x + C$

10. $2\operatorname{sen} x + \cos x + 2{,}45x + C$

11. $\dfrac{x^3}{15} + \dfrac{3e^x}{5} + C$

12. $x - 2\operatorname{sen} x + C$

13. $5x + 2\ln|x| + C$

14. $\dfrac{1}{4\ln 2} \cdot 2^x - \dfrac{5}{4}x^2 + C$

15. $3x^2 - \dfrac{3^x}{\ln 3} + C$

7 MUDANÇA DE VARIÁVEL

O cálculo da primitiva de uma função, ao contrário da derivada, pode tornar-se uma tarefa bastante difícil quando não houver possibilidade de usar diretamente as propriedades e as fórmulas que apresentamos.

Entretanto, existe uma técnica bastante simples que pode encaminhar a solução em muitas oportunidades. É o caso em que a mudança de variável leva a uma expressão que se enquadra na tabela de integrais que apresentamos.

Antes, devemos apresentar a diferencial de uma função.

7.1 Diferencial de uma função

Se $y = f(x)$ é uma função derivável no ponto x, chamamos de diferencial da função f neste ponto x a expressão:

$$dy = f'(x)dx$$

Exemplos

Se $y = 3x$,   então $dy = (3x)'dx$,   ou seja, $dy = 3dx$

Se $y = x^2 + 1$, então $dy = (x^2 + 1)'\,dx$, ou seja, $dy = 2x\,dx$

Se $y = \operatorname{sen} x$, então $dy = (\operatorname{sen} x)'\,dx$, ou seja, $dy = \cos x\,dx$

7.2 Exemplos de mudança de variável

Exemplo 1:

Calcular $\displaystyle\int (2x+1)^5 dx$

A fórmula F1 que resolve a potência: $\displaystyle\int x^5 dx = \dfrac{x^6}{6} + C$ não pode ser aplicada diretamente na integral dada. Contudo, se fizermos $t = 2x + 1$, teremos:

$dt = (2x + 1)'\, dx$ ou $dt = 2dx$, o que resulta $dx = \dfrac{1}{2}dt$

Substituindo $2x + 1$ por t e dx por $\dfrac{1}{2}dt$, teremos:

$$\int (2x+1)^5 dx = \int t^5 \dfrac{1}{2}dt = \dfrac{1}{2}\int t^5 dt$$

Agora podemos aplicar a fórmula *F1* na integral $\int t^5 dt$: $\int t^5 dt = \dfrac{t^6}{6}+C$

Isso resulta: $\int (2x+1)^5 dx = \dfrac{1}{2}\dfrac{t^6}{6}+C = \dfrac{1}{12}t^6 + C$

Voltando agora para a variável x, isto é, substituindo t por $2x + 1$:

$$\int (2x+1)^5 dx = \dfrac{1}{12}(2x+1)^6 + C$$

Exemplo 2:

Calcular a integral: $\int \dfrac{1}{3x+4}dx$

Examinando as fórmulas de integração, encontramos *F3*: $\int \dfrac{1}{x}dx = \ln|x|+C$ que não pode ser aplicada diretamente na integral dada. Contudo, fazendo $t = 3x + 4$, temos:

$$dt = (3x+4)'dx \quad \text{ou então} \quad dt = 3dx \Rightarrow dx = \dfrac{1}{3}dt$$

Substituindo esses valores na integral, teremos:

$$\int \dfrac{1}{3x+4}dx = \int \dfrac{1}{t}\dfrac{1}{3}dt = \dfrac{1}{3}\int \dfrac{1}{t}dt$$

Agora, sim, podemos aplicar a fórmula de integração *F3*:

$$\int \dfrac{1}{t}dt = \ln|t|+C \Rightarrow \int \dfrac{1}{3x+4}dx = \dfrac{1}{3}\ln|t|+C$$

Voltando para a variável x: $\int \dfrac{1}{3x+4}dx = \dfrac{1}{3}\ln|3x+4|+C$

Exemplo 3:

Calcular a integral: $\int e^{5x+1} dx$

Examinando a tabela de integrais, encontramos F4: $\int e^x dx = e^x + C$, que não pode ser aplicada diretamente neste caso. Para que isso seja possível, devemos fazer a mudança de variável:

$t = 5x + 1$, o que resulta $dt = (5x+1)'dx = 5dx$, de onde temos $dx = \dfrac{1}{5}dt$

Substituindo $5x + 1$ por t e dx por $\dfrac{1}{5}dt$, teremos:

$$\int e^{5x+1} dx = \int e^t \frac{1}{5} dt = \frac{1}{5} \int e^t dt$$

Usando a fórmula F4 na última integral: $\int e^{5x+1} dx = \dfrac{1}{5} e^t + C$

Voltando agora para a variável x: $\int e^{5x+1} dx = \dfrac{1}{5} e^{5x+1} + C$

Exemplo 4:

Calcular a integral $\int \dfrac{4x}{x^2+1} dx$

A integral não pode ser enquadrada em nenhuma das fórmulas apresentadas na tabela de integração; resta, portanto, tentar uma mudança de variável, como, por exemplo:

$t = x^2 + 1$, o que daria $dt = (x^2+1)'dx$, ou ainda $dt = 2x\,dx$

Substituindo $x^2 + 1$ por t e $2xdx$ por dt, teremos:

$$\int \frac{4x}{x^2+1} dx = \int \frac{2 \times 2x}{x^2+1} dx = 2\int \frac{2 \times 2x}{x^2+1} = 2\int \frac{dt}{t}$$

Aplicando a fórmula F3 na última integral, temos: $\int \dfrac{4x}{x^2+1} dx = 2\ln|t| + C$

Voltando para a variável x:

$$\int \frac{4x}{x^2+1} dx = 2\ln|x^2+1| + C$$

EXERCÍCIOS PROPOSTOS

Calcular, usando a técnica da mudança de variável, as integrais indefinidas:

1. $\int (x+3)^4 dx$

2. $\int \dfrac{1}{3+x} dx$

3. $\int e^{2x} dx$

4. $\int (2x+5)^3 dx$

5. $\int \dfrac{2}{5x-1} dx$

6. $\int e^{1-5x} dx$

7. $\int \sqrt{2x+10}\, dx$

8. $\int e^{-x} dx$

9. $\int x e^{x^2} dx$

10. $\int 2x(x^2+1)^4 dx$

Respostas

1. $\dfrac{1}{5}(x+3)^5 + C$

2. $\ln|3+x| + C$

3. $\dfrac{1}{2}e^{2x} + C$

4. $\dfrac{1}{8}(2x+5)^4 + C$

5. $\dfrac{2}{5}\ln|5x-1| + C$

6. $-\dfrac{1}{5}e^{1-5x} + C$

7. $\dfrac{1}{3}\left(\sqrt{2x+10}\right)^3 + C$

8. $-e^{-x} + C$

9. $\dfrac{1}{2}e^{x^2} + C$

10. $\dfrac{1}{5}(x^2+1)^5 + C$

8 EXEMPLOS E EXERCÍCIOS DE APLICAÇÃO

Exemplo 1:

Uma função $y = f(x)$ tem variação conhecida dada por $y' = 10 + 2x$. Determinar a equação $y = f(x)$, sabendo que quando $x = 0$, $y = 100$.

Solução:

A variação de uma função y é dada por sua derivada y'. A função y corresponde, portanto, à primitiva $y = \int y'\, dx$.

Portanto, $y = \int y' dx = \int (10 + 2x) dx$

Resolvendo a integral: $\int (10 + 2x) dx = 10 \int dx + 2 \int x \, dx = 10x + \dfrac{2x^2}{2} + C$

Portanto, $y = 10x + x^2 + C$

Para calcular o valor da constante C, sabemos que quando $x = 0$, $y = 100$. Substituindo esses valores na equação anterior, teremos:

$$100 = 10 \cdot 0 + 0^2 + C, \text{ ou seja: } C = 100$$

A equação procurada é, portanto:

$y = x^2 + 10x + 100$

EXERCÍCIOS PROPOSTOS

Calcular a equação $y = f(x)$ da função que tem sua variação conhecida e dada por:

1. $y' = 5$ e sabendo que para $x = 10$, $y = 50$
2. $y' = 6x - 4$ e sabendo que para $x = 0$, $y = 40$
3. $y' = 10 - 3x$ e sabendo que para $x = 1$, $y = 20$
4. $y' = x^2 + 4$ e sabendo que para $x = 0$, $y = 200$
5. $y' = 10 + 5x + 0{,}5x^2$ e sabendo que para $x = 0$, $y = 0$
6. $y' = \dfrac{1}{x+1}$ e sabendo que para $x = 0$, $y = 4$

Respostas

1. $y = 5x$
2. $y = 3x^2 - 4x + 40$
3. $y = -\dfrac{3}{2}x^2 + 10x + 11{,}5$
4. $y = \dfrac{x^3}{3} + 4x + 200$
5. $y = \dfrac{x^3}{6} + \dfrac{5}{2}x^2 + 10x$
6. $y = \ln |x + 1| + 4$

Exemplo 2:

A velocidade de um automóvel mede a variação do espaço percorrido pelo veículo (ou ainda, a tendência à variação em cada instante).

Se a velocidade em cada instante t é dada por $v = 50 + 2t$, calcular a equação do espaço percorrido pelo automóvel em função do tempo t, sabendo que, quando $t = 0$, o espaço percorrido era de 5.000 m.

Solução:

Se a velocidade v mede a variação do espaço s, então $s' = v$. Portanto, s corresponde à primitiva de $s' = v$, ou seja:

$$s = \int s' dt = \int v \, dt$$

Portanto, $s = \int (50 + 2t)dt = 50\int dt + 2\int t\, dt$, ou seja

$$s = 50t + 2\frac{t^2}{2} + C, \text{ ou ainda } s = 50t + t^2 + C$$

Para calcular a constante C, lembremos que para $t = 0$, $s = 5.000$ m. Substituindo esses valores, temos:

$$5.000 = 50 \cdot 0 + 0^2 + C, \text{ ou seja, } C = 5.000$$

A equação do espaço s é, portanto:

$$s = t^2 + 50t + 5.000$$

EXERCÍCIOS PROPOSTOS

1. A aceleração de um corpo mede a variação da velocidade, ou seja, $a = v'$. Calcular a equação da velocidade de um corpo submetido a uma aceleração de 10 m/s², em função do tempo, sabendo que quando $t = 0$, $v = 30$ m/s.

2. Calcular o espaço percorrido pelo corpo do problema anterior (lembre-se de que a velocidade mede a variação do espaço percorrido: $v = s'$), sabendo que quando $t = 0$, $s = 500$ m.

3. Uma partícula percorre uma trajetória reta, com aceleração de 2 cm/s². Quando o tempo começou a ser contado ($t = 0$), a partícula passava pela marca 10 cm da trajetória, com velocidade de 5 cm/s.
   a. Calcular a equação da velocidade da partícula em função do tempo.
   b. Calcular a equação do espaço percorrido pela partícula em função do tempo.
   c. Calcular o tempo necessário para que a partícula passe pela marca de 103,75 cm.

4. Uma pedra é solta do topo de um edifício de 25 andares, a uma altura de 80 m, e cai em queda livre. A aceleração da gravidade é de 10 m/s².
   a. Determinar a equação da velocidade do corpo em função do tempo de queda ($t = 0$, $v = 0$).
   b. Determinar a equação do espaço percorrido pela pedra em função do tempo de queda ($t = 0$, $s = 0$).
   c. Calcular o tempo necessário para que a pedra atinja o solo. Qual a velocidade de impacto?

5. Uma partícula desloca-se em uma trajetória retilínea com aceleração de 5 cm/s². Na marca 0 da trajetória, sua velocidade era de 10 cm/s.
   a. Determinar a equação da velocidade da partícula com o tempo.
   b. Determinar a equação do espaço percorrido pela partícula com o tempo.
   c. Quanto tempo essa partícula demora para atingir a marca de 150 cm?

Respostas

1. $v = 10t + 30$
2. $v = 5t^2 + 30t + 500$
3. a. $v = 2t + 5$
   b. $s = t^2 + 5t + 10$
   c. 7,5 s
4. a. $v = 10t$
   b. $s = 5t^2$
   c. 4 s
5. a. $v = 5t + 10$
   b. $s = 2,5t^2 + 10t$
   c. 6 s

Exemplo 3:

No estudo da derivada de uma função, deve ter ficado claro que a derivada mede a tendência à variação da curva no ponto em que ela é calculada. Essa tendência é a direção da curva naquele ponto, e pode ser interpretada como o coeficiente angular da reta tangente ao gráfico da função neste ponto.

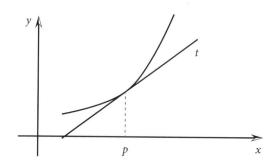

Se uma curva apresenta em cada ponto x uma tangente com coeficiente angular $2x$, construa a equação desta curva sabendo que ela contém o ponto $x = 0, y = 1$.

Solução:

Como a derivada da função mede o coeficiente angular da reta tangente em cada ponto x, podemos escrever:

$$y' = 2x$$

Portanto, $y = \int y' dx = \int 2x\, dx$ ou $y = 2\int x\, dx = 2\frac{x^2}{2} + C$ ou $y = x^2 + C$

Para calcular a constante C, basta lembrar que a curva contém o ponto $x = 0, y = 1$. Substituindo esses valores na equação da curva obtida: $y = x^2 + C$, temos:
$1 = 0^2 + C$ ou $C = 1$
A equação da curva, no caso uma parábola, é: $y = x^2 + 1$

EXERCÍCIOS PROPOSTOS

1. Construir a equação de uma curva cuja tangente em cada ponto x tem coeficiente angular constante -2. Sabe-se que esta curva contém o ponto $x = 1$, $y = 3$.

2. A tangente a uma curva tem em cada ponto x o coeficiente angular $3x - 1$. Determine a equação dessa curva, sabendo que ela contém a origem do sistema cartesiano $x = 0, y = 0$.

3. Uma curva admite reta tangente para todo $x > 1$, e essa tangente tem como coeficiente angular $\dfrac{2}{x}$, em cada ponto x. Determine a equação dessa curva, sabendo que para $x = 2$ a curva assume o valor $y = 5$.

4. A tangente a uma curva tem em cada ponto x o coeficiente angular dado por $x^2 - 2x + 10$. Encontrar a equação dessa curva, sabendo que ela contém o ponto $x = 0$, $y = -10$.

5. Construir a equação de uma curva que contém o ponto $x = 0$, $y = 3$ e apresenta reta tangente com coeficiente angular e^x em qualquer ponto x.

Respostas

1. $y = -2x + 5$
2. $y = \dfrac{3}{2}x^2 - x$
3. $y = 2\ln x + 5 - 2\ln 2$
4. $y = \dfrac{x^3}{3} - x^2 + 10x - 10$
5. $y = e^x + 2$

9 USO DAS PRIMITIVAS NO CÁLCULO DA INTEGRAL DE RIEMANN

Como mencionamos no item 3, o cálculo do limite de uma soma que define o valor da Integral de Riemann é quase sempre impraticável. Esse problema pode ser agora equacionado, se conhecemos uma primitiva da função a ser integrada.

Um resultado importante do Cálculo Integral nos assegura que se F é uma primitiva de f, então,

$$\int_a^b f(x)\,dx = F(b) - F(a)$$

isto é, a integral definida de f sobre $[a, b]$ é o valor da primitiva F calculada no ponto b, menos o valor da primitiva calculada no ponto a.

Exemplos

Calcular as integrais:

Exemplo 1:

$$\int_1^3 3\,dx$$

Solução:

Cálculo da primitiva: $\int 3\,dx = 3x + C$, ou seja, $F(x) = 3c + C$

Calculando: $\begin{cases} F(b) = F(3) = 3.3 + C = 9 + C \\ F(a) = F(1) = 3.1 + C = 3 + C \end{cases}$

Portanto, $\int_1^3 3\,dx = (9 + C) - (3 + C) = 6$

Exemplo 2:

$$\int_2^{10} x\,dx$$

Solução:

Cálculo da primitiva: $\int x\,dx = \dfrac{x^2}{2} + C$, ou seja $F(x) = \dfrac{x^2}{2} + C$

Calculando: $\begin{cases} F(b) = F(10) = \dfrac{10^2}{2} + C = 50 + C \\ F(a) = F(2) = \dfrac{2^2}{2} + C = 2 + C \end{cases}$

Portanto, $\int_2^{10} x\,dx = F(10) - F(2) = (50 + C) - (2 + C) = 48$

Observe, nos dois exemplos apresentados, que a constante C não interfere no cálculo da integral definida. Para facilitar, usaremos para esses cálculos $C = 0$.

Exemplo 3:

$$\int_0^5 (x^2 + 1)\,dx$$

Solução:

Cálculo da primitiva: $\int (x^2 + 1)\,dx = \int x^2\,dx + \int 1\,dx = \dfrac{x^3}{3} + x + C$

Calculando: $\begin{cases} F(b) = F(5) = \dfrac{5^3}{3} + 5 = \dfrac{125}{3} + 5 = \dfrac{140}{3} \\ F(a) = F(0) = \dfrac{0^3}{3} + 0 = 0 \end{cases}$

Portanto, $\int_0^5 (x^2 + 1)\,dx = \dfrac{140}{3} - 0 = \dfrac{140}{3}$

Exemplo 4:

$$\int_{-2}^0 (x^3 - e^x)\,dx$$

Solução:

Cálculo da primitiva: $\int (x^3 - e^x)dx = \int x^3 dx - \int e^x dx = \dfrac{x^4}{4} - e^x + C$

Calculando:
$\begin{cases} F(b) = F(0) = \dfrac{0^4}{4} - e^0 = 0 - 1 = -1 \\ F(a) = F(-2) = \dfrac{(-2)^4}{4} - e^{-2} = 4 - e^{-2} \end{cases}$

Portanto, $\int_{-2}^{0} (x^3 - e^x)dx = (-1) - (4 - e^{-2}) = -1 - 4 + e^{-2} = e^{-2} - 5$

EXERCÍCIOS PROPOSTOS

Calcular as integrais indicadas:

1. $\int_{1}^{10} 4\,dx$

2. $\int_{0}^{1} \dfrac{1}{2}\,dx$

3. $\int_{-1}^{1} x^2\,dx$

4. $\int_{-1}^{0} x^3\,dx$

5. $\int_{0}^{2} (x^2 + 3)\,dx$

6. $\int_{0}^{1} \left(\dfrac{1}{4}x^2 + 5x + 1\right)dx$

7. $\int_{-1}^{1} (x^3 - 3x^2 + 2x + 4)\,dx$

8. $\int_{-1}^{1} e^x\,dx$

9. $\int_{1}^{5} \dfrac{2}{x}\,dx$

10. $\int_{-\pi}^{\pi} \cos x\,dx$

11. $\int_{0}^{\frac{\pi}{2}} \operatorname{sen} x\,dx$

12. $\int_{0}^{4} \sqrt{x}\,dx$

13. $\int_{2}^{5} \dfrac{3}{x^2}\,dx$

14. $\int_{-3}^{-1} \dfrac{4}{x^3}\,dx$

15. $\int_{1}^{2} \dfrac{4}{x+1}\,dx$

16. $\int_{-1}^{0} e^{2x}\,dx$

17. $\int_{0}^{\frac{\pi}{2}} \cos 3x\,dx$

18. $\int_{0}^{1} 2^x\,dx$

19. $\int_{2}^{3} (2x+1)^4\,dx$

20. $\int_{1}^{3} \dfrac{2x}{4+3x^2}\,dx$

Respostas

1. 36
2. $\dfrac{1}{2}$
3. $\dfrac{2}{3}$
4. $-\dfrac{1}{4}$
5. $\dfrac{26}{3}$
6. $\dfrac{43}{12}$
7. 6
8. $e - \dfrac{1}{e}$
9. $2 \cdot \ln 5$
10. 0
11. 1
12. $\dfrac{16}{3}$
13. $\dfrac{9}{10}$
14. $-\dfrac{16}{9}$
15. $4 \cdot \ln \dfrac{3}{2}$
16. $\dfrac{1}{2}\left(1 - \dfrac{1}{e^2}\right)$
17. $-\dfrac{1}{3}$
18. $\dfrac{1}{\ln 2}$
19. 1.368,20
20. $\dfrac{1}{3} \ln \dfrac{31}{7}$

10 APLICAÇÕES DA INTEGRAL DE RIEMANN

10.1 Cálculo de áreas

Quando apresentamos a integral de Riemann, tivemos a oportunidade de interpretar a soma que define seu valor como uma soma de áreas de retângulos construídos com base no eixo x e altura correspondente ao valor da função num ponto de sua base.

Se a função é positiva no intervalo $[a, b]$, o limite da soma que dá o valor da integral é a área formada pelo gráfico da função e o eixo x, no intervalo $[a, b]$.

O cálculo da área da figura formada pelo gráfico da função e o eixo x no intervalo $[a, b]$ pode ser dividido em três casos:

1º Caso: A função é positiva no intervalo [a, b]

Neste caso, a área é exatamente a integral da função sobre o intervalo.

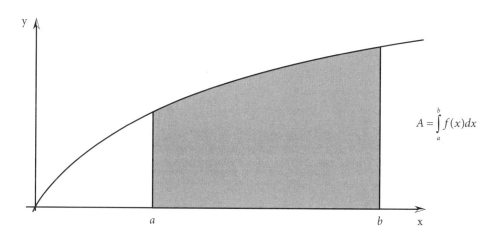

$$A = \int_a^b f(x)dx$$

2º Caso: A função é negativa no intervalo [a, b]

Neste caso a integral é um número negativo. A área procurada corresponde ao valor da integral com o sinal positivo.

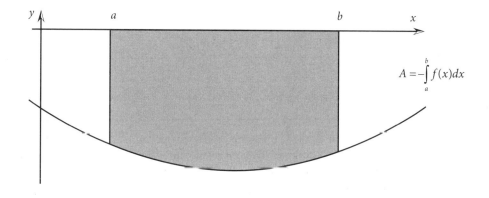

$$A = -\int_a^b f(x)dx$$

3º Caso: A função troca de sinal no intervalo [a, b]

Neste caso, devemos calcular separadamente as áreas das figuras acima e abaixo do eixo x, trocando o sinal da integral que corresponde à parte negativa da função.

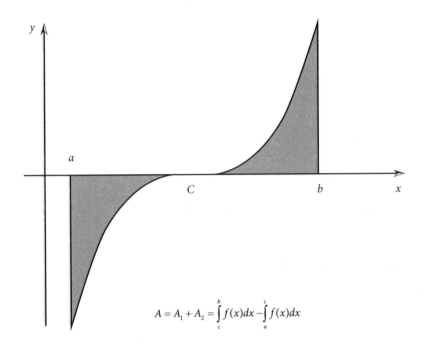

$$A = A_1 + A_2 = \int_c^b f(x)dx - \int_a^c f(x)dx$$

Exemplos

Exemplo 1:

Calcular a área indicada na figura.

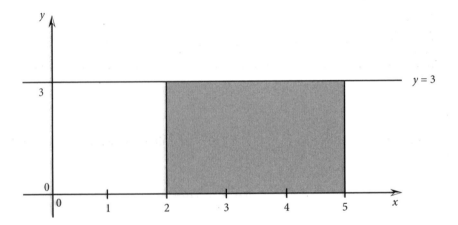

Solução:

A figura é um retângulo com base medindo 5 − 2 = 3 e altura 3. Sua área é, como sabemos:

$$A = 3 \times 3 = 9$$

Como a função é positiva no intervalo [2, 5], essa área pode ser calculada pela integral:

$$A = \int_{2}^{5} 3\,dx$$

Calculando a primitiva: $\int 3\,dx = 3x + C$

Calculando a integral: $\int_{2}^{5} 3\,dx = F(5) - F(2) = (3.5) - (3.2) = 15 - 6 = 9$

A área calculada pela integral é 9, o que está de acordo com o cálculo anterior.

Exemplo 2:

Calcular a área indicada na figura:

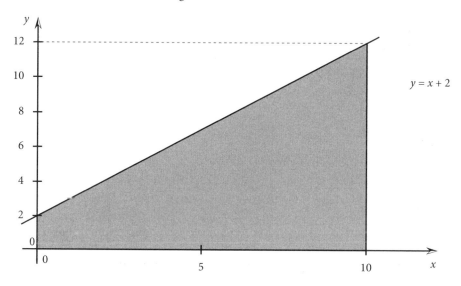

Solução:

A figura é um trapézio de bases $f(0) = 2$ e $f(10) = 12$ e altura 10. Sua área pode ser calculada pela fórmula:

$$A = \frac{B+b}{2} \cdot h = \frac{12+2}{2} \cdot 10 = 70$$

Usando a integral de Riemann, como a função é positiva no intervalo de integração, teremos:

$$A = \int_0^{10} (x+2) dx$$

Cálculo da primitiva: $\int (x+2) dx = \int x\, dx + \int 2\, dx = \dfrac{x^2}{2} + 2x + C$

Calculando a integral:

$$\int_0^{10} (x+2) dx = F(10) - F(0) = \left(\dfrac{10^2}{2} + 2 \times 10 \right) - \left(\dfrac{0^2}{2} + 2 \times 0 \right) = 70$$

Portanto, o cálculo da área pela integral está de acordo com o resultado da geometria.

Exemplo 3:

Calcular a área indicada na figura:

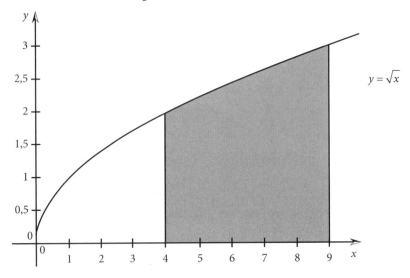

Solução:

Uma maneira de calcular essa área é por meio da integral definida:

$$A = \int_4^9 \sqrt{x}\, dx$$

Cálculo da primitiva: $\int \sqrt{x}\,dx = \int x^{\frac{1}{2}}dx = \dfrac{x^{\frac{1}{2}+1}}{\frac{1}{2}+1}+C = \dfrac{2}{3}x^{\frac{3}{2}}+C$

Calculando a integral:

$$\int_4^9 \sqrt{x}\,dx = F(9)-F(4) = \left(\dfrac{2}{3}\times 9^{\frac{3}{2}}\right)-\left(\dfrac{2}{3}\times 4^{\frac{3}{2}}\right) = 18-\dfrac{16}{3}=\dfrac{38}{3}$$

A área procurada é: $A = \dfrac{38}{3} \cong 12{,}67$

EXERCÍCIOS PROPOSTOS

Calcular a área indicada em cada uma das figuras:

1.
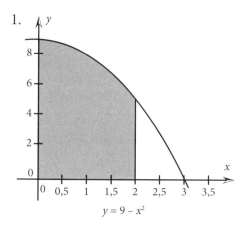
$y = 9 - x^2$

2.
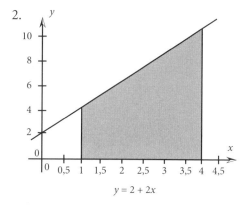
$y = 2 + 2x$

3.
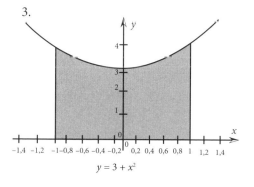
$y = 3 + x^2$

4.
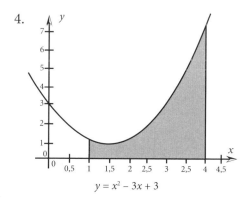
$y = x^2 - 3x + 3$

5.

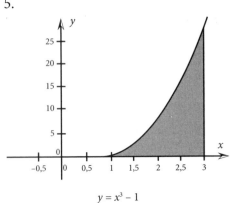

$y = x^3 - 1$

6.

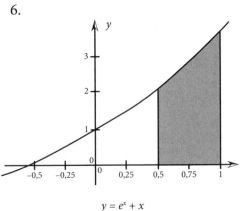

$y = e^x + x$

Respostas

1. $\dfrac{46}{3}$

2. 21

3. $\dfrac{20}{3}$

4. 7,50

5. 18

6. 1,44

Exemplo 4:

Se uma função assume valores negativos no intervalo de integração, a soma de Riemann dessa função reflete um valor aproximado da área da figura formada pelo gráfico da função e o eixo x, mas com sinal negativo. Calcular, por exemplo, a área indicada na figura:

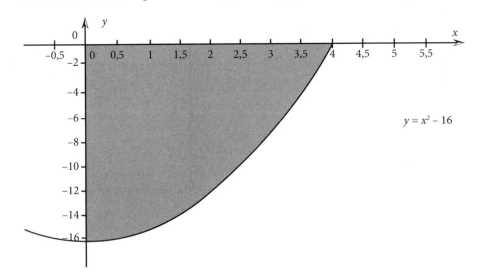

Solução:

Como a função é negativa no intervalo de integração [0,4], a área da figura será dada pela expressão:

$$A = -\int_0^4 (x^2 - 16)\,dx$$

Cálculo da primitiva: $\int (x^2 - 16)\,dx = \int x^2 dx - \int 16\,dx = \dfrac{x^3}{3} - 16x + C$

Calculando a integral:

$$\int_0^4 (x^2 - 16)\,dx = F(4) - F(0) = \left(\dfrac{4^3}{3} - 16 \times 4\right) - \left(\dfrac{0^3}{3} - 16 \times 0\right) = \dfrac{64}{3} - 64 = -\dfrac{128}{3}$$

A área procurada é: $A = -\int_0^4 (x^2 - 16)\,dx = \dfrac{128}{3}$

EXERCÍCIOS PROPOSTOS

Calcular cada uma das áreas indicadas nas figuras:

1.

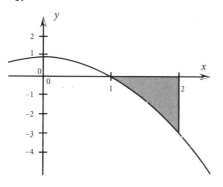

$y = 1 - x^2$

2.

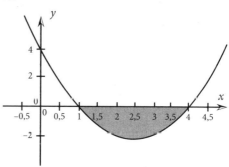

$y = x^2 - 5x + 4$

186 Capítulo 5

3.
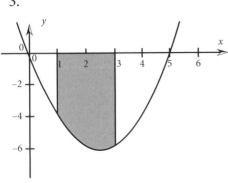
$y = x^2 - 5x$

4.
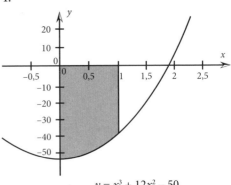
$y = x^3 + 12x^2 - 50$

5.
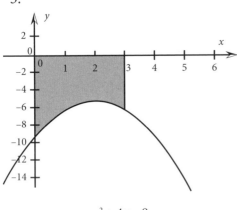
$y = -x^2 + 4x - 9$

6.
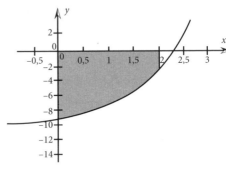
$y = e^x - 10$

Respostas

1. $\dfrac{4}{3}$

2. $\dfrac{9}{4}$

3. $\dfrac{34}{3}$

4. 45,75

5. 18

6. 13,61

Exemplo 5:

Se a área solicitada é formada por partes abaixo e acima do eixo devemos calcular separadamente a área de cada uma dessas partes. Calcule, por exemplo, a área indicada na figura:

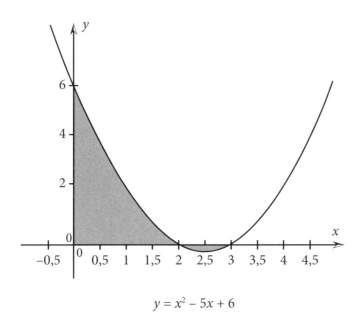

$$y = x^2 - 5x + 6$$

Solução:

Devemos separar as integrais: $\int_0^2 (x^2 - 5x + 6)dx$ e $\int_2^3 (x^2 - 5x + 6)dx$

Cálculo da primitiva:

$$\int (x^2 - 5x + 6)dx = \int x^2 dx - 5\int x\, dx + \int 6\, dx = \frac{x^3}{3} - 5\frac{x^2}{2} + 6x + C$$

Calculando as integrais:

$$\int_0^2 (x^2 - 5x + 6)dx = F(2) - F(0) = \left(\frac{2^3}{3} - 5\frac{2^2}{2} + 6 \times 2\right) - \left(\frac{0^3}{3} - 5\frac{0^2}{2} + 6 \times 0\right) = \frac{14}{3}$$

$$\int_2^3 (x^2 - 5x + 6)dx = F(3) - F(2) = \left(\frac{3^3}{3} - 5\frac{3^2}{2} + 6 \times 3\right) - \left(\frac{2^3}{3} - 5\frac{2^2}{2} + 6 \times 2\right) = -\frac{1}{6}$$

A área será, portanto: $A = \frac{14}{3} - \left(-\frac{1}{6}\right) = \frac{29}{6} \cong 4{,}83$

EXERCÍCIOS PROPOSTOS

Calcular cada uma das áreas indicadas nas figuras:

1.
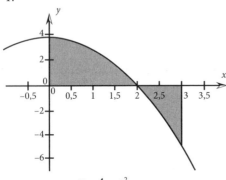
$y = 4 - x^2$

2.
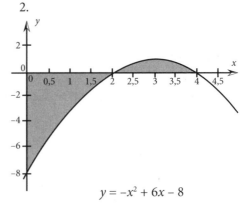
$y = -x^2 + 6x - 8$

3.
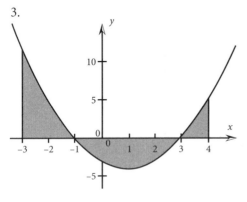
$y = x^2 - 2x - 3$

4.
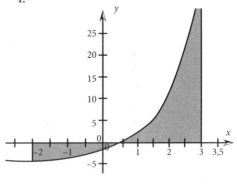
$y = 2e^x - 4$

5.
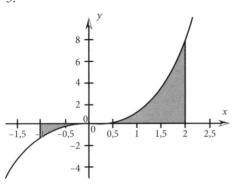
$y = x^3$

6.
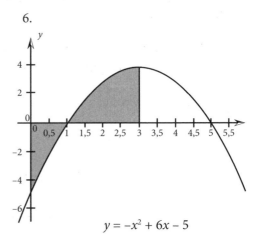
$y = -x^2 + 6x - 5$

Respostas

1. $\dfrac{23}{3}$
2. 8
3. 23,67
4. 33,98
5. 4,25
6. $\dfrac{23}{3}$

Exemplo 6:

A área entre duas curvas pode ser calculada a partir das áreas que cada uma delas forma com o eixo x. Calcular a área indicada na figura:

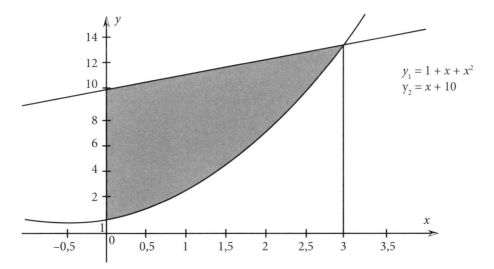

Solução:

Como a integral calcula a área formada pela curva e pelo eixo x, devemos, neste caso, calcular duas áreas.

A_1 = Área formada pela curva y_1 e o eixo x.
A_2 = Área formada pela reta y_2 e o eixo x.

A área que queremos é a diferença: $A = A_2 - A_1$

Cálculo das primitivas:

$$\int (1+x+x^2)\,dx = x + \frac{x^2}{2} + \frac{x^3}{3} + C$$

$$\int (x+10)\,dx = \frac{x^2}{2} + 10x + C$$

Calculando as integrais:

$$\int_0^3 (1+x+x^2)dx = F(3)-F(0) = \left(3+\frac{3^2}{2}+\frac{3^3}{3}\right)-\left(0+\frac{0^2}{2}+\frac{0^3}{3}\right)=\frac{33}{2}$$

$$\int_0^3 (x+10)dx = F(3)-F(0) = \left(\frac{3^2}{2}+10\times 3\right)-\left(\frac{0^2}{2}+10\times 0\right)=\frac{69}{2}$$

A área procurada é, portanto: $A = A_2 - A_1 = \frac{69}{2}-\frac{33}{2}=\frac{36}{2}=18$

EXERCÍCIOS PROPOSTOS

Calcular a área entre as curvas, nos intervalos indicados:

1.

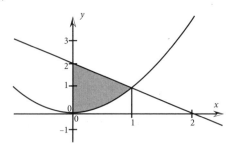

$y_1 = x^2$
$y_2 = 2 - x$

2.

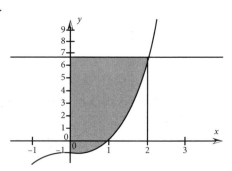

$y_1 = x^3 - 1$
$y_2 = 7$

3.

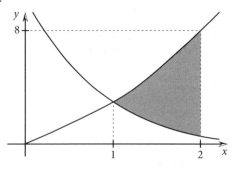

$y_1 = \frac{1}{x}$
$y_2 = x^3$

4.

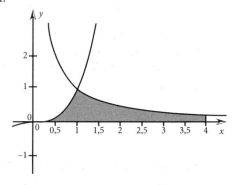

$y_1 = \frac{1}{x}$
$y_2 = x^3$

5.
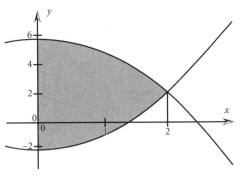

$y_1 = 6 - x^2$
$y_2 = x^2 - 2$

6.
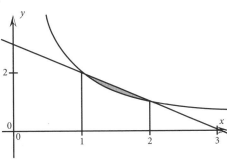

$y_1 = \dfrac{2}{x}$
$y_2 = 3 - x$

Respostas

1. $\dfrac{7}{6}$
2. 12
3. 3,06
4. 1,64
5. 10,67
6. 0,11

10.2 Trabalho realizado por uma força

O trabalho realizado por uma força que atua sobre um corpo deslocando-o em sua direção de um ponto a para um ponto b é dado por:

$$\Gamma = f \cdot (b - a)$$

em que f é a força aplicada na direção do deslocamento, dada em Newtons (N)

$(b - a)$ é o deslocamento, dado em metros

Γ é o trabalho realizado pela força f, dado em Joules (J).

Se a força aplicada é constante, o trabalho pode ser calculado pelo produto da força pelo deslocamento. Entretanto, se a força é variável, o cálculo do trabalho tem o mesmo sentido do cálculo de áreas, a partir da soma de Riemann.

Dessa forma, o trabalho pode ser medido pela integral:

$$\Gamma = \int_a^b f(x)\,dx$$

em que x é variável no intervalo $[a, b]$ e f a força que varia com x.

Suponha uma força constante de 50 N que atua sobre um corpo, deslocando-o em sua direção, da marca 5 m para a marca 25 m. O trabalho realizado por essa força é:

$$\Gamma = 50 \times (25 - 5) = 1.000 \text{ J}$$

Usando a integral, podemos escrever: $\Gamma = \int_{5}^{25} 50\,dx$

Calculando a integral:

$$\int 50\,dx = 50x + C$$

$$\int_{2}^{25} 50\,dx = F(25) - F(5) = (50 \times 25) - (50 \times 5) = 1.000\ \text{J}$$

o que está de acordo com o cálculo anterior pela definição de trabalho.

Suponha agora que a força f seja variável dada por $f(x) = \dfrac{x}{10} + 1$, e que atua na direção do eixo x deslocando uma partícula do ponto $x = 2$ m para o ponto $x = 5$ m. O trabalho realizado por essa força é dado por:

$$\Gamma = \int_{2}^{5}\left(\dfrac{x}{10} + 1\right)dx$$

Calculando a integral: $\int\left(\dfrac{x}{10} + 1\right)dx = \dfrac{1}{10}\int x\,dx + \int 1\,dx = \dfrac{x^2}{20} + x + C$

$$\int_{2}^{5}\left(\dfrac{x}{10} + 1\right)dx = F(5) - F(2) = \left(\dfrac{5^2}{20} + 5\right) - \left(\dfrac{2^2}{20} + 2\right) = \dfrac{81}{20} = 4{,}05\ \text{J}$$

O trabalho realizado é, portanto, de 4,05 J.

EXERCÍCIOS PROPOSTOS

1. Calcular o trabalho realizado por uma força constante $f = 10$ N que atua sobre um corpo, deslocando-o em sua direção da marca 2 m até a marca 6 m.

2. Uma partícula é deslocada na direção de um eixo, por uma força que tem a mesma direção desse eixo. Se a força é variável e é dada por $f(x) = \dfrac{3x}{10} + 1$, calcular o trabalho realizado pela força ao deslocar a partícula do ponto $x = 1$ m ao ponto $x = 4$ m.

3. Um corpo tem movimento retilíneo e sobre ele atua uma força variável de mesma direção do movimento dada por $f(x) = -\dfrac{10}{x^2}$. Calcular o trabalho realizado por essa força, que atua contra o movimento, quando o corpo se desloca do ponto $x = 2$ m até o ponto $x = 5$ m.

4. Suponha que, no problema anterior, a partir do ponto $x = 5$ m, além da força $f(x) = -\dfrac{10}{x^2}$, passe a atuar a força $g(x) = 0{,}10x$ na direção do movimento. Calcule o trabalho realizado pelas duas forças entre as marcas $x = 5$ m e $x = 8$ m.

5. Calcular o trabalho realizado pela força gravitacional sobre um corpo de massa 8 kg que cai de uma altura de $x = 10$ m até o solo. Lembre-se de que a força gravitacional é constante $f = m \times a$, em que m é a massa do corpo e $a = 9{,}8$ m/s^2 é a aceleração da gravidade.

Respostas

1. 40 J
2. 5,25 J
3. −3 J
4. 1,20 J
5. 784 J

Bibliografia

ÁVILA, G. S. S. *Cálculo 1*: funções de uma variável. 4. ed. Rio de Janeiro: LTC, 1981.

GUIDORIZZI, Hamilton L. *Um curso de cálculo*. 4. ed. Rio de Janeiro: LTC, 2000.

HOFFMANN, Laurence D. et al. *Cálculo:* um curso moderno e suas aplicações. 6. ed. Rio de Janeiro: Ao Livro Técnico, 1999.

LARSON, Roland E. et al. *Cálculo com aplicações*. 4. ed. Rio de Janeiro: LTC, 1998.

RUDIN, W. *Princípios de análise matemática*. Rio de Janeiro: Ao Livro Técnico, UnB, 1971.

SILVA, Sebastião M. da et al. *Matemática para os cursos de economia, administração, ciências contábeis*. 5. ed. São Paulo: Atlas, 1999.

STEWART, James. *Cálculo*. 4. ed. São Paulo: Pioneira, 2001.

WHITE, A. J. *Análise real:* uma introdução. Tradução de Elza F. Gomide. São Paulo: Edgard Blücher, Edusp, 1973.

Pré-impressão, impressão e acabamento

grafica@editorasantuario.com.br
www.graficasantuario.com.br
Aparecida-SP